개정2판

적중! 한 권으로 끝내기　최신 출제기준 반영!

중식조리기능사
필기·실기

허이재 · 조병숙 · 김은주 공저

- **NCS** 학습모듈
- 종목별 평가로 새롭게 변경된 출제기준 적용
- 부록 : 조리용어 해설

(주)백산출판사

머리말

최근 세계여행이 편리해지면서 맛을 찾아 여행하는 식도락 여행객이 많아지고, 시각, 후각, 미각을 충족시켜주는 식문화 탐방으로 이어지는 경우가 많습니다. 다양한 나라의 요리를 접할 기회가 많아지면서 특히 중국의 요리는 식재료가 풍부하고 향신료가 다양해서 식재료의 공부와 함께 전문적으로 배우고 싶다는 추세에 있기도 합니다. 또 중식을 현대식으로 해석한 퓨전스타일인 모던 중식 도시락을 편의점에서 쉽게 볼 수 있고, '마라탕'이나 '흑당버블티'와 같은 중식메뉴와 디저트 브랜드가 폭발적인 인기메뉴가 되었습니다.

이러한 음식문화의 변화로 인해 중식조리기능사 자격증 취득에 대한 관심은 남녀노소 불문하고 뜨겁습니다.

국가기술자격이 취업에 도움이 될 수 있도록 국가직무능력표준(NCS) 등을 통해 산업현장 수요를 자격에 반영하고 국가기술자격법 시행규칙 개정에 따라 조리기능사의 필기 및 실기시험 과목은 현장직무 중심으로 개편되었습니다. 따라서 국가기술자격은 새로운 일자리를 위한 준비의 시작이라 생각합니다.

이에 이 책은 개정된 국가기술자격시험에 철저를 기하기 위해 합격하기 위한 모범적인 답안을 수록하여 이해하기 쉽게 편집하였습니다. 특히 저자 3인의 합격비법만을 담아 실수는 줄이고 단 한 권만으로도 시험대비가 가능하여 효율성을 높인 것이 특징입니다.

이 책을 통해, 조리기능사의 꿈을 가진 수험생들이 노동시장의 변동성에 대처할 수 있도록 국가기술자격의 현장 대응성을 높여 나갈 필요성을 인식하고 단순한 자격증의 취득 이상으로 수준 높은 기술과 지식, 태도를 함양하여 성장할 수 있기를 소망합니다.

저자 일동

국가직무능력표준(NCS)의 이해

1) NCS란?

국가직무능력표준(NCS, National Competency Standards)은 산업현장에서 직무를 수행하기 위해 요구되는 지식 · 기술 · 태도 등의 내용을 국가가 체계화한 것입니다.

2) NCS 개념도

산업현장의 지식, 기술, 태도를 산업계의 요구에 따라 국가직무능력표준(NCS)으로 체계화, 표준화하였고, 이를 교육훈련, 자격, 경력개발에 활용함으로써 산업현장에 적합한 인적자원 개발을 목표로 합니다.

3) 국가직무능력표준(NCS)의 활용

국가직무능력표준은 기업체, 직업교육훈련기관, 자격시험기관에서 활용할 수 있습니다.

기업체 Corporation	교육훈련기관 Education and training	자격시험기관 Qualifiacation
• 현장 수요 기반의 인력채용 및 　인사관리 기준 • 근로자 경력개발 • 직무기술서	• 직업교육 훈련과정 개발 • 교수계획 및 매체, 교재 개발 • 훈련기준 개발	• 자격종목의 신설통합 폐지 • 출제기준 개발 및 개정 • 시험문항 및 평가방법

I 중식조리기능사 필기

II 중식조리기능사 실기

1 중식 튀김조리

2 중식 조림조리

3 중식 밥조리

4 중식 면조리

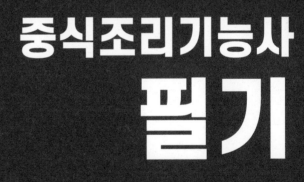

중식조리기능사
필기

Ⅰ 중식조리기능사 필기

| 필기시험 안내 |

- **관련부처** : 식품의약품안전처

- **시행기관** : 한국산업인력공단

- **응시자격** : 제한없음

- **시험과목** : 중식재료관리, 음식조리 및 위생관리

- **검정방법** : 객관식 4지 택1형 60문항/ 60분

- **합격기준** : 100점 만점에 60점 이상 취득 시(CBT시험)

- **응시방법** : 큐넷(http://q-net.or.kr) 인터넷 접수

- **응시료** : 14,500원

- **합격자 발표** : 시험종료 즉시 합격여부 확인가능

＊ 상시시험 원서접수는 한국산업인력공단에서 공고한 접수기간에만 접수가 가능하며, 선착순 방식
  으로 접수기간 종료 전에 마감될 수도 있음

| 필기 출제기준 |

주요항목	세부항목	세세항목
1. 음식 위생관리	1. 개인 위생관리	1. 위생관리기준 2. 식품위생에 관련된 질병
	2. 식품 위생관리	1. 미생물의 종류와 특성 2. 식품과 기생충병 3. 살균 및 소독의 종류와 방법 4. 식품의 위생적 취급기준 5. 식품첨가물과 유해물질
	3. 작업장 위생관리	1. 작업장 위생 위해요소 2. 식품안전관리인증기준(HACCP) 3. 작업장 교차오염발생요소
	4. 식중독 관리	1. 세균성 및 바이러스성 식중독 2. 자연독 식중독 3. 화학적 식중독 4. 곰팡이 독소
	5. 식품위생 관계 법규	1. 식품위생법령 및 관계법규 2. 농수산물 원산지 표시에 관한 법령 3. 식품 등의 표시·광고에 관한 법령
	6. 공중 보건	1. 공중보건의 개념 2. 환경위생 및 환경오염 관리 3. 역학 및 질병 관리 4. 산업보건관리
2. 음식 안전관리	1. 개인안전 관리	1. 개인 안전사고 예방 및 사후 조치 2. 작업 안전관리
	2. 장비·도구 안전작업	1. 조리장비·도구 안전관리 지침
	3. 작업환경 안전관리	1. 작업장 환경관리 2. 작업장 안전관리 3. 화재예방 및 조치방법 4. 산업안전보건법 및 관련지침

주요항목	세부항목	세세항목
3. 음식 재료관리	1. 식품재료의 성분	1. 수분 2. 탄수화물 3. 지질 4. 단백질 5. 무기질 6. 비타민 7. 식품의 색 8. 식품의 갈변 9. 식품의 맛과 냄새 10. 식품의 물성 11. 식품의 유독성분
	2. 효소	1. 식품과 효소
	3. 식품과 영양	1. 영양소의 기능 및 영양소 섭취기준
4. 음식 구매관리	1. 시장조사 및 구매관리	1. 시장 조사 2. 식품구매관리 3. 식품재고관리
	2. 검수 관리	1. 식재료의 품질 확인 및 선별 2. 조리기구 및 설비 특성과 품질 확인 3. 검수를 위한 설비 및 장비 활용 방법
	3. 원가	1. 원가의 의의 및 종류 2. 원가분석 및 계산
5. 중식 기초 조리실무	1. 조리 준비	1. 조리의 정의 및 기본 조리조작 2. 기본조리법 및 대량 조리기술 3. 기본 칼 기술 습득 4. 조리기구의 종류와 용도 5. 식재료 계량방법 6. 조리장의 시설 및 설비 관리
	2. 식품의 조리원리	1. 농산물의 조리 및 가공 · 저장 2. 축산물의 조리 및 가공 · 저장 3. 수산물의 조리 및 가공 · 저장 4. 유지 및 유지 가공품 5. 냉동식품의 조리 6. 조미료와 향신료
	3. 식생활 문화	1. 중국 음식의 문화와 배경 2. 중국 음식의 분류 3. 중국 음식의 특징 및 용어

주요항목	세부항목	세세항목
6. 중식 절임 · 무침조리	1. 절임 · 무침조리	1. 절임 · 무침 준비 2. 절임류 만들기 3. 무침류 만들기 4. 절임 보관 무침 완성
7. 중식 육수 · 소스조리	1. 육수 · 소스조리	1. 육수 · 소스 준비 2. 육수 · 소스 만들기 3. 육수 · 소스 완성 보관
8. 중식 튀김조리	1. 튀김조리	1. 튀김 준비 2. 튀김 조리 3. 튀김 완성
9. 중식 조림조리	1. 조림조리	1. 조림 준비 2. 조림 조리 3. 조림 완성
10. 중식 밥조리	1. 밥조리	1. 밥 준비 2. 밥 짓기 3. 요리별 조리하여 완성
11. 중식 면조리	1. 면조리	1. 면 준비 2. 반죽하여 면 뽑기 3. 면 삶아 담기 4. 요리별 조리하여 완성
12. 중식 냉채조리	1. 냉채조리	1. 냉채 준비 2. 냉채 조리 3. 냉채 완성
13. 중식 볶음조리	1. 볶음조리	1. 볶음 준비 2. 볶음 조리 3. 볶음 완성
15. 중식 후식조리	1. 후식조리	1. 후식 준비 2. 더운 후식류 조리 3. 찬 후식류 조리 4. 후식류 완성

PART **1**

중식조리

<table>
<tr>
<td>Chapter **1**</td>
<td>**중식조리 개요** --</td>
</tr>
</table>

1. 중식조리의 특징

1) 재료의 선택이 매우 자유롭고 광범위하다.

2) 오미(쓴맛, 단맛, 매운맛, 짠맛, 신맛)가 발달하여 맛이 다양하고 풍부하다.

3) 칼질이 정교하고 모양이 다양하며 크기, 굵기, 두께가 고르다.

4) 불의 강약과 시간 조절에 따라 그 요리의 색과 향, 맛이 좌우된다.

5) 기름을 많이 사용하고 조리기구가 간단하며 사용이 용이하다.

6) 조미료와 향신료의 종류가 풍부하다.

7) 외양이 풍요롭고 화려하다.

8) 중국음식에는 몇 인분이라는 말이 없다.

2. 4대 중국요리

베이징차이 (북경요리)	• 북경을 중심으로 발달 • 튀김요리와 볶음요리 등 맛이 진하고 기름진 음식 발달 • **대표음식** : 베이징 오리, 만두

상하이차이 **(남경요리)**	• 산둥반도와 상해를 중심으로 발달 • 해산물요리가 발달 • 간장과 설탕을 많이 사용하여 진한 맛이 난다. • **대표음식** : 동파육, 꽃빵, 게요리, 생선요리 등
광둥차이 **(광동요리)**	• 퓨전요리의 문화가 발달 • 자연의 맛을 살린 담백한 맛이 특징 • **대표음식** : 딤섬, 탕수육, 팔보채, 상어지느러미찜 등
쓰촨차이 **(사천요리)**	• 쓰촨지역의 곡창지대에서 발달 • 야생동물, 채소, 민물고기를 주재료로 사용 • 고추, 산초, 후추, 두반장 등 향신료를 많이 사용, 특히 매운 요리가 특징 • **대표음식** : 마파두부, 어향육사, 가상해삼, 궁보계정 등

01 중식조리의 5미에 해당되지 <u>않는</u> 것은?

① 단맛　　　　② 떫은맛

③ 매운맛　　　④ 신맛

02 중식조리의 특징이 <u>아닌</u> 것은?

① 기름을 많이 사용하고 조리기구가 간단하다.
② 조미료, 향신료의 종류가 풍부하다.
③ 칼질과 모양이 아주 단조롭다.
④ 재료의 선택이 매우 광범위하다.

03 중국의 4대 요리에 속하지 <u>않는</u> 것은?

① 북경요리　　② 사천요리

③ 광동요리　　④ 정진요리

04 사천요리의 특징으로 맞는 것은?

① 두반장을 사용하여 매운요리가 많다.
② 자연의 맛을 살린 담백한 맛이다.
③ 간장과 설탕을 많이 사용하여 달고 진한
　　맛이 난다.
④ 튀김요리와 볶음요리 등 맛이 진하고 기름
　　진 음식이 발달했다.

✓ 정답

| 01 | ② | 02 | ③ | 03 | ④ | 04 | ① |

1. 절임·무침 개요

절임	• 저장성이 강한 식재료에 간장, 설탕, 식초 등을 넣어 산소를 차단하여 무산소 상태로 보존하는 조리법을 말한다. • 자차이, 향차이, 청경채, 무, 당근, 양파, 마늘, 고추, 배추, 양배추, 땅콩
무침	• 염도, 산도, 당도가 높은 재료를 사용하여 저장성을 높인 절임류나 채소, 해초를 양념을 하여 무친 반찬이다. • 자차이 무침, 땅콩 무침, 목이버섯 무침, 건두부 무침, 감자채 무침, 오이무침

2. 절임·무침 준비

1) 절임과 무침에 많이 사용되는 채소의 종류

종류	양념
자차이	• 일종의 장아찌로 무처럼 생긴 뿌리를 소금과 양념에 절여서 만든 반찬 • 중국의 절임 김치이며 쓰촨성의 대표음식이다.
향차이	• 씨앗은 과자, 빵, 오이피클이나 육류제품, 수프의 향신료로 이용한다.
청경채	• 절임이나 무침을 할 때 데치거나 소금에 절이기도 하고, 생으로 식초, 간장, 젓갈, 고춧가루 등을 넣고 무치기도 한다.
무	• 김치, 깍두기, 무말랭이, 단무지, 피클 등 이용이 다양하다.
당근	• 붉은색이 진하고 껍질이 매끄럽고, 단단하며 무거운 것이 좋다. • 생식하거나, 기름으로 조리하면 흡수율이 높아진다.
양파	• 양념 형태로 조리하거나, 샐러드 등의 생식으로 이용하거나, 가공식품 등 다양하게 사용한다.
고추	• 생식, 조림, 절임, 장아찌, 고춧가루, 고명 등으로 사용한다.
양배추	• 피클, 김치, 생식, 쌈, 샐러드, 즙 등으로 사용한다.
땅콩	• 삶아서 반찬으로 곁들이거나 볶아서 많이 사용한다.
배추	• 김치, 볶음, 국물요리에 다양하게 사용한다.

2) 절임·무침류에 사용되는 향신료와 조미료

(1) 향신료

① 향신료의 특징

- 요리의 향과 맛을 살린다.
- 육류와 어패류의 비린내와 잡냄새를 없앤다.
- 음식의 향미를 낸다.
- 보존을 하기 위하여 사용된다.

② 향신료의 종류

생강	(장 : 姜)	팔각	(빠자오 : 八角)
파	(충 : 蔥)	대회향	(따후이 : 大茴)
마늘	(쏸 : 蒜)	계피	(육계 : 桂皮)
산초씨	(화자오 : 花椒)	회향	(샤오후이 : 小香)
정향	(띵샹 : 丁香)	귤껍질	(천피 : 陳皮)

(2) 조미료

① 조미료의 특징

- 재료 자체의 맛과 조화로 맛을 극대화할 수 있다.
- 독자적인 맛과 향을 지니고 있어 배합에 독특한 맛을 낸다.
- 종류와 사용하는 방법이 다양하다.
- 중요한 식재료로 활용되고 있다.

② 조미료의 종류와 사용법

종류	양념
간장	• 두장청(豆醬淸), 청장(淸醬), 생추(生抽), 노추(老抽) 또는 시유(柿油), 용패(龍牌), 차륜패(車輪牌) 간장 등이 있다.
굴소스	• 신선한 생굴을 으깬 다음 끓이고 조려서 농축시켜 만든 것이다. • 볶음요리, 튀김요리, 찜요리 등에 사용된다.

흑초	• 광동요리에 많이 사용되며, 검은콩을 발효시켜 만든 식초이다. • 맛과 향이 독특하다.
고추기름	• 사천요리에서 빠뜨릴 수 없는 조미료이다. • 자차이와 같은 반찬을 버무릴 때 많이 사용된다.
막장	• 검은콩, 밀, 누에콩, 고추를 발효시켜 만든 것이다. • 볶음, 찜, 생선, 무침, 절임 요리, 생채소, 냄비 요리에 사용된다.
해선장	• 해산물, 육류, 채소볶음 요리에 잘 어울린다. • 북경오리 소스에 사용한다.
새우간장	• 강한 맛을 내기 위해 볶음, 수프, 탕, 조미 국물이나 소스용으로 쓴다.
겨자장	• 사천요리에서 많이 사용되며 고추기름과 함께 매운맛의 기초가 된다.

3. 절임류 만들기

1) 절임 재료

천일염	• 염전에서 바닷물을 자연 증발시켜 제조하여 만든 소금이다.
정제염	• 바닷물을 전기 분해한 다음 이온교환, 투과막 여과 등을 거쳐 염화나트륨 성분을 추출해 건조기에 말린 소금이다. • 맛소금은 정제염에 글루탐산나트륨(MSG)을 입힌 것
젓갈	• 수산물을 이용한 발효식품으로 단백질을 보충해 주는 주요한 식품이다. • 젓갈, 양념젓갈, 식해, 액젓 등으로 분류
식초	• 3~5%의 초산과 유기산 · 아미노산 · 당 · 알코올 · 에스테르 등이 함유된 산성 식품이다. • 방부 효과, 단백질을 단단하게, 살균작용, 생선의 비린내를 잡아주는 역할
설탕	• 사탕수수 또는 사탕무를 재료로 만든 수크로오스가 주성분인 감미료이다.

2) 절임 만들기

김치절임	• 소금에 절인 채소에 양념을 넣어 만든 것이다.
피클	• 다양한 채소를 소금에 절인 뒤 식초, 설탕, 향신료를 섞은 액에 담가 절인 음식이다. • 금속성 철 용기는 피해야 하며, 유리나 돌로 만든 항아리가 적당하다.
장아찌	• 작채(자차이 : 榨菜)는 중국의 대표적인 절임 장아찌라고 볼 수 있다.

3) 절임에 사용되는 양념

고추기름	• 매운맛을 내기 위해서 사용한다. • 자차이, 오이, 해산물 등에 사용한다.
미추	• 쌀을 발효시켜 만든 중국 전통 식초이다. • 요리에 뿌려 먹기도 하고 무침에 많이 사용한다.
설탕	• 식초와 함께 사용하면 새콤달콤하게 맛있는 무침을 만들 수 있다.
겨자장	• 생선의 양념과 겨자 절임을 만들기도 한다. • 해파리, 해산물, 육류의 무침에 많이 사용한다.
액젓	• 김치에 넣거나 무침 같은 음식의 맛을 내는 조미료로 많이 사용한다.
마늘	• 비린내를 없애고, 맛과 향을 내는 무침의 양념으로 사용한다.

4. 무침류 만들기

- 먹기 직전에 무쳐야 고소하고 신선한 재료의 특유의 맛을 낼 수 있다.
- 양념이 주재료보다 향이 강하면 주재료 특유의 맛을 느낄 수 없다.
- 양념으로는 고추기름, 파기름, 고춧가루, 향신료, 소금, 후추, 식초, 마늘, 설탕이 많이 사용된다.

5. 절임보관·무침완성

1) 숙성

(1) 저장원리

영양적·기호적·위생적 가치 등을 포함하여 식품의 품질을 변하지 않게 보전하는 것이다.

물리적요인	• 수분 – 건조 • 온도 – 냉동, 냉장 • 빛 – 차광
화학적요인	• 공기 – 진공, 산화제, 수분조절 • pH – 완충제(산, 알칼리) • 식품성분반응 – 가열 • 금속이온 – 사용억제

생물학적요인	• 미생물 – 가열, 냉동, 보존료, 수분조절 • 곤충 – 훈증 • 작은 동물 – 약제, 기계적 방제

(2) 식품 변질을 방지하는 원리

① 수분 활성(water activity; Aw) 조절 : 탈수 건조, 농축, 염장, 당장

② 온도 조절 : 냉장 · 냉동 보존

③ pH 조절 : 산저장

④ 가열 살균 : 통조림, 병조림, 레토르트 식품

⑤ 광선 조사 : 자외선 조사, 방사선 조사

⑥ 산소 제거 : 가스 치환(CA 저장), 진공포장, 탈산소제 사용

2) 저장방법

건조법	• **자연 건조법** : 태양열과 자연통풍을 이용하는 방법 • **인공 건조법** : 터널 건조법, 분무 건조법, 진공 건조법 • 미생물의 성장을 억제하는 효과적인 방법 • 건조되어 수분이 손실되면 식품에는 영양소가 농축된다.
발효와 초절임	• 미생물은 특정한 조건 아래에서 산소와 알코올을 이용해 발효 • 초절임은 녹색채소와 과일에도 이용
당장법	• 설탕을 첨가하여 삼투압을 높여 미생물의 생육 저지 효과를 이용 • 과일 및 뿌리채소에 주로 이용
훈연법	• 어류 · 육류를 소금에 절인 후 참나무, 자작나무, 오리나무 및 호두나무 등의 목재를 불완전 연소시켜 생기는 연기의 화학 성분을 식품 표면에 부착 및 침투시켜 살균, 건조시키는 방법
염장법	• 소금 농도를 높여 식품 내 수분 활성도를 낮춘 원리 • 장아찌류, 김치류, 젓갈류의 저장 식품에 이용
움저장법	• 땅을 파고 그 속에 농산물을 저장하는 방법 • 감자, 고구마, 무 등과 김치 저장에 이용

3) 담기

(1) 보관기구를 선택한다.

오래 보관해도 식품이나 인체에 해가 되지 않는 용기를 선택한다.

(2) 종류별 분류를 한다.

자차이류, 피클류, 김치류, 땅콩류를 종류별로 분류하여 담아낸다.

(3) 그릇에 담아서 낸다

① 표준 레시피에 의해서 버무려서 담아서 낸다.

② 종류별로 분류하여 담아낸다.

01 식재료에 소금, 설탕, 식초 등을 넣어 보존하는 조리법을 무엇이라 하는가?

① 무침   ② 절임

③ 조림   ④ 냉채

02 절임을 하기 전 전처리하는 재료로 <u>부적당한</u> 것은?

① 간장   ② 설탕

③ 식초   ④ 식용유

03 절임을 분류하면 어떤 메뉴에 속하는가?

① 전채요리   ② 후식요리

③ 밑반찬   ④ 주요리

04 일종의 장아찌로 무처럼 생긴 뿌리를 소금과 양념에 절여서 만드는 중식 반찬은 무엇인가?

① 자차이   ② 향차이

③ 비트   ④ 당근

05 다음 중 향신료의 특징이 <u>아닌</u> 것은?

① 육류와 어패류의 비린내와 잡냄새를 없앤다.

② 보존을 하기 위하여 사용된다.

③ 자체의 맛과 조미료 맛의 아름다운 조화에 달려있다.

④ 음식의 향미를 낸다.

✓ 정답

| 01 | ② | 02 | ④ | 03 | ③ | 04 | ① | 05 | ③ |

1. 육수·소스 개요

1) 육수

육수는 음식을 만들기 전 요리의 시작이다. 소뼈, 닭뼈, 생선뼈, 채소, 향신료 등을 물과 함께 끓여 우려낸 국물로 부재료와 주재료를 혼합하거나 소스를 만들 때 음식의 맛과 소스의 맛을 결정하는 가장 중요한 과정이라 할 수 있다.

2) 소스

소스란 요리에 맛이나 빛깔을 더 좋게 하기 위해 식품에 넣거나 요리 위에 끼얹는 액체 또는 반유동 상태의 조미료를 총칭한다. 주로 육수에 향신료를 넣고 풍미를 낸 뒤 농후제(전분 가루)로 농도를 조절하여 음식에 뿌리는 것을 말한다.

2. 육수·소스 준비

1) 육수 재료준비

(1) 뼈

소뼈	• 풍부한 단백질과 무기질이 포함되어 있다.
닭뼈	• 가장 많이 사용되는 육수이다.
갑각류	• 꽃게, 바닷가재 등 갑각류 등을 이용하여 부재료를 첨가하여 육수를 만든다.
돼지뼈	• 냄새를 제거할 수 있는 향신 채소나 향신료를 적절히 사용하는 것이 좋다.

2) 소스 재료준비

(1) 육수

① 소스의 맛을 좌우하는 가장 기본이 되는 것이다.

② 소고기, 닭고기, 돼지고기, 갑각류, 채소류, 향신료와 같은 재료로 국물을 낸다.

③ 보관 시 이물질이나 다른 향이 스며들지 않도록 주의한다.

(2) 농후제

① 녹말이 겔화되는 원리를 이용한 것이다.

② 녹말과 물을 섞어 가열하면 농도가 되직해진다.

③ 옥수수, 감자, 고구마, 애로루트 등이 있다.

3) 조미료 및 향신료

(1) 조미료

• 음식물의 맛을 향상시키는 중요한 요소이다.

• 소화액 분비를 자극하고 소화 흡수를 촉진시킨다.

• 소금, 간장, 설탕, 꿀, 식초, 노추 등이 있다.

(2) 가공소스류

해선장	• 대두에 물, 설탕, 식초, 소금, 쌀, 밀가루, 고추, 마늘을 넣어 발효시켜 만듦 • 짠맛과 단맛이 나고, 딥 소스나 구이용, 국에 다양하게 사용
두반장	• 발효시킨 누에콩(잠두)에 고추를 갈아 넣고 만든 양념 • 맵고 칼칼한 맛을 내는 요리에 사용 • 마파두부, 새우칠리소스, 돼지고기 요리, 냉채 등에 사용
춘장	• 대두, 소금, 밀가루를 발효시킨 중국식 된장 • 가열을 하면 짠맛이 엷어지고 단맛이 남
검은콩소스	• 독특한 향과 맛을 지니고 있음
바비큐소스	• 닭고기 · 돼지고기 · 소고기 등 구이요리의 소스로 사용
XO소스	• 고추기름을 기본으로 하여 건관자 · 새우 · 고추 · 전복, 햄, 게, 송로버섯 등을 잘게 자른 후 고추기름에 볶은 것 • 건더기 중심의 소스로 딥핑 소스로 많이 쓰이며, 볶음요리에 사용

고추기름	• 고춧가루를 80~90℃의 기름에 볶아 우려 만든 기름 • 매운맛을 내는 요리나 고기 특유의 냄새를 잡을 때 사용
굴소스	• 생굴을 소금과 발효시켜 만들어 굴의 감칠맛이 농축된 소스 • 볶음이나 조림, 튀김에 사용
파기름	• 파를 뜨거운 기름에 끓여 만듦. 파의 감칠맛과 풍미가 있어 대부분 요리에 쓰임
겨잣가루	• 겨잣가루는 중국 냉채요리에 빠지지 않고 이용되는 소스 • 양장피나 새우냉채 등에 사용
두시장	• 황두와 흑두를 삶아서 찐 다음에 발효시킨 것 • 두시의 종류는 건두시, 강두시, 수두시
매실소스	• 매실의 연육작용 때문에 육류 조리에 사용하거나, 향이 뛰어나 튀김요리의 소스에 사용
땅콩버터	• 땅콩, 식물성 오일, 설탕, 소금, 액당을 넣어 만든 소스 • 요리나 디저트류에 사용
치킨파우더	• 물과 함께 끓여 국물을 내거나 볶음요리에 첨가하여 감칠맛을 낼 때 사용
치킨소스	• 닭고기 · 오리 · 쇠고기 · 생선 · 두부요리 등 각종 요리를 재울 때나 소스로 사용
레드 비네거 소스(홍초)	• 쌀 식초, 찹쌀, 아니스, 계피, 정향 등으로 만든 식초 • 딤섬에 사용
친키앙 비네거	• 정제수, 찹쌀, 밀기울, 설탕, 소금을 원료로 만든 식초 • 냉면 육수, 갈비구이 등 여러 요리에 사용
생추왕 간장	• 비교적 색깔이 짙은 간장 • 노추보다 약간 묽은 짠 간장
황두대장 (황두장)	• 밀가루, 대두, 소금, 누룩을 섞어 발효를 시켜 만든 장 • 양념과 딥핑 소스로도 이용 가능 • 닭고기와 쇠고기, 생선을 포함한 해산물 등에 사용

(3) 향신료

고수	• 음식의 잡냄새를 제거하고 향을 첨가한다. • 입맛을 돋우고 소화를 촉진시키며 위를 보호한다.
구기자	• 맛이 달고 자극적이지 않다.
팔각	• 고기를 삶거나 조림을 할 때 사용한다. • 향을 내고 잡냄새를 제거하는 역할을 한다.
계피	• 맛은 단맛과 매운맛이 있어 향료로 사용한다.
산초	• 사천요리에 많이 사용되며 맛은 맵다. • 사천 지방의 마파두부 요리에 넣어 사용한다.

진피	• 향을 내거나 비릿하고 느끼한 맛을 없앨 때 사용된다.
후추	• 비린내를 없애주고 살균 효과가 있다.
파	• 파기름을 만들어 요리의 풍미를 돋우어 주는 역할을 한다.
생강	• 생강은 쓴맛이 나며 육류 등의 잡내를 감소시켜 준다.
양파	• 양파와 같이 튀기면 비린내 제거의 효과가 있다.
정향	• 고기나 생선의 조림요리, 간식 등에 폭넓게 사용된다.

3. 육수·소스 만들기

1) 육수·소스의 맛과 조미(調味)

• 맛의 종류는 신맛, 쓴맛, 매운맛, 단맛, 짠맛, 감칠맛, 기름진 맛이 있다.

2) 조미의 작용

• 나쁜 맛을 제거한다.

• 강한 맛을 약하게 한다.

• 맛을 전체적으로 조화시킨다.

• 조미료로 주재료의 맛을 결정한다.

• 색채를 돋운다.

3) 조미 방법

• 주재료의 성질에 따른 조미료 선택

• 조리법에 따른 조미료의 선택

• 동일한 음식의 지역별 조미료의 차이

• 지방 특색을 고려한 재료와 조미료 선택

4) 육수조리

(1) 찬물에서 시작 : 뼈속 내용물 용해를 쉽게 함

(2) 센 불로 시작하여 약한 불 : 오랜 시간 은근히 끓임

(3) 거품 및 불순물 제거 : 육수가 혼탁해지는 것 방지

(4) 투명하게 걸러 내기 : 재료와 국물 분리작업

(5) 순환냉수에 급속냉각 : 육수가 상하는 것 방지

(6) 생산일자 기록저장 : 선입선출 효율적 저장

육수 종류에 따른 알맞은 조리 시간

- 쇠고기뼈 : 8~12시간 사이
- 닭뼈 : 2~4시간 사이
- 생선류 : 30분~1시간 사이

---

5) 소스조리

(1) 소스의 농도, 광택, 색채 등 모든 요소가 잘 조화를 이루어야 한다.

(2) 인공적이지 않고 주재료의 순한 맛을 느낄 수 있어야 한다.

(3) 색채는 주재료와 담는 그릇과 소스의 색깔이 잘 조화를 이룰 수 있도록 해야 한다.

(4) 시각적으로 혐오감을 주는 색채는 피해야 한다.

녹말로 농도를 맞추는 방법

- 수분과 기름은 분리되는 성질이 있으므로 녹말의 힘을 빌려 융화시키는 역할을 한다.
- 재료를 고온의 기름으로 처리하면 그 표면이 거칠다. 이것을 먹을 때 혀가 매끄럽게 느끼도록 해 준다.
- 중국요리는 뜨거울 때 먹는 것이 많으므로 잘 식지 않도록 녹말로 농도를 맞춘다.

4. 육수 · 소스 완성 보관

1) **온도** : 60℃ 이상으로 가열하여 4℃ 이하로 냉각시켜 보관한다.

2) **pH** : 4.6 이하로 보관한다.

3) 육수 · 소스를 냉장 보관 시에는 2~3일 내에 사용하도록 한다.

01 육수나 소스를 완성하여 보관하는 방법이 틀린 것은?

① 60℃ 이상 가열하여 보관한다.

② 4℃ 이하로 냉각시켜 보관한다.

③ pH 4.6 이하로 보관한다.

④ 냉장 보관 시 오래오래 보관하고 사용할 수 있다.

02 마늘소스를 이용해서 조리를 하면 잘 어울리는 메뉴는 무엇인가?

① 해파리냉채   ② 칠리새우

③ 깐풍기   ④ 생선살 탕수

03 식초, 설탕, 간장, 소금, 물, 레몬, 파, 생강, 노두유 등을 배합하여 끓인 후 전분을 이용하여 농도를 조절하여 만든 소스는 무엇인가?

① 칠리소스   ② 깐풍소스

③ 탕수소스   ④ 겨자소스

04 요리에 맛이나 빛깔을 더 좋게 하거나 반유동성 상태로 요리를 완성하기 위해 사용하는 재료로 맞는 것은?

① 전분   ② 소금

③ 식초   ④ 참기름

05 중국요리에 많이 사용하는 양념으로 색이 진하고 단맛이 있으며 노추라고 부르는 양념은?

① 굴소스   ② 노두유

③ 두반장   ④ 간장

✓ 정답

| 01 | ④ | 02 | ① | 03 | ③ | 04 | ① | 05 | ② |

1. 튀김 개요

튀김 조리는 육류 · 가금류 · 어패류 · 채소류 · 두부류 등 재료 특성을 이해하고 손질하여 기름에 튀겨 내는 조리이다.

1) 종류

- 육류튀김 : 소고기튀김, 탕수육, 마늘돼지갈비튀김, 레몬기, 깐풍기, 유린기 등
- 갑각류튀김 : 새우튀김, 깐소새우, 칠리바닷가재튀김, 게살튀김 등
- 어패류튀김 : 관자튀김, 굴튀김, 오징어튀김, 탕수생선 등
- 두부류튀김 : 가상두부, 비파두부 등
- 채소류튀김 : 채소춘권튀김, 가지튀김, 고구마튀김 등

2) 식용유지의 분류

유지	천연유지	식물성 유지	식물성 유	건성유(130 이상) 아마인유, 들기름, 잣기름
				반건성유(100~130) 참기름, 대두유, 면실유
				불건성유(100 이하) 올리브유, 땅콩기름, 피마자유
			식물성 지	야자유, 코코아유, 팜유
		동물성 유지	동물성 기름	해산 동물유(어유, 간유, 해수유)
				육산 동물유, 번데기 기름
			동물성 지방	체지방, 쇠기름, 돼지기름
				유지방, 버터
	가공유지 : 마가린, 쇼트닝			

2. 튀김 준비

1) 재료준비

- 맛있고 바삭한 튀김을 만들기 위해 신선한 재료를 준비한다.
- 육류 및 가금류는 조리 전에 연육을 한다.
- 해산물은 어취 제거에 특별히 유의해야 한다.
- 새우튀김은 꼬리 부분에 있는 수분을 꼭 제거해야 한다.
- 두부를 이용하여 튀김을 할 때는 수분을 제거하는 것이 중요하다.

3. 튀김 조리

1) 튀김옷 만들기

녹말	• 감자, 고구마, 옥수수 녹말을 사용한다. • 녹말을 달걀과 잘 섞어 사용하거나, 녹말에 물을 넣어 앙금 녹말을 사용하기도 한다.
밀가루	• 글루텐 함량이 적은 박력분을 사용하고, 박력분이 없을 땐 밀가루 2/3와 녹말 1/3을 섞어서 사용한다.
물	• 찬물이나 얼음물로 반죽하면 글루텐 형성을 방해하여 바삭하게 된다.
식소다	• 소량 사용 시 수분을 증발시켜 바삭하게 하고 맛있는 색이 나게 한다. • 많이 사용 시 쓴맛이 날 수 있으니 주의한다.
달걀	• 색과 맛을 좋게 한다.
설탕	• 튀김옷을 반죽할 때 소량의 설탕을 첨가하면 튀김옷의 색이 조금 갈변되고 글루텐의 형성이 저해되어 튀김옷이 부드럽고 바삭하다.

2) 기름 온도 확인

상태	온도(℃)
• 바닥에 가라앉아 떠오르지 않는다.	140℃
• 바닥에 가라앉았다가 서서히 떠오른다.	150℃
• 바닥에 가라앉았다가 바로 떠오른다.	160℃
• 기름의 중간 정도에서 서서히 떠오른다.	170℃
• 기름의 중간 정도에서 바로 떠오른다.	180℃ 이상

3) 튀김온도·시간

어패류	• 170℃에서 1~2분 정도
채소	• 160~170℃에서 3분 정도
육류	• 1차 튀김 165℃에서 8~10분 정도 • 2차 튀김 190~200℃에서 1~2분 정도
두부	• 160℃에서 3분 정도

4) 튀김조리 시 주의사항

(1) 튀김 재료의 물기를 제거한다.

(2) 기름의 온도를 확인한다.

(3) 생선의 눈알은 터뜨려서 튀김을 한다.

(4) 재료는 기름양의 60%를 넘지 않도록 한다.

(5) 튀김을 건져서 기름을 제거하고 한꺼번에 두지 않는다.

4. 튀김 완성

1) 색깔, 맛, 향, 온도를 고려하여 튀김 요리를 담을 수 있다.

• 중식 식기

챵야오판 (椭圓形盘子, 타원형 접시)	• 생선, 오리, 동물의 머리와 꼬리 부분을 담을 경우에 사용한다.
위엔판 (圓形盘子, 둥근 접시)	• 수분이 없거나 전분으로 농도를 잡은 음식을 담는 데 사용한다.
완(碗, 사발)	• 탕(湯)이나 갱(羹)을 담는 데 사용한다. • 크기에 따라 식사류나 소스를 담을 때 사용한다.

2) 튀김 요리에 어울리는 기초 장식을 할 수 있다.

• 식품 조각의 도법

착도법(戳刀法)	• 재료를 찔러서 활용하는 도법이다. • 새 날개, 생선 비늘, 옷 주름, 꽃 조각에 활용한다.
절도법(切刀法)	• 사물의 큰 형태를 만들 때 사용하는 도법이다. • 위에서 아래로 썰기를 할 때 또는 돌려 깎을 때 사용하는 도법이다.
각도법(刻刀法)	• 가장 많이 사용한다. • 주도를 사용하여 재료를 깎을 때 사용한다.
선도법(旋刀法)	• 칼로 타원을 그리며 재료를 깎을 때 사용하는 도법이다.
필도법(筆刀法)	• 칼로 그림을 그리듯 재료 표면에 외형을 그릴 때 사용하는 도법이다.

01 튀김옷을 만드는 밀가루 종류로 옳은 것은?

① 중력분   ② 박력분

③ 강력분   ④ 초강력분

02 중식 튀김 재료 중 수분을 증발시켜 바삭하고 맛있는 색이 나게 하는 것은?

① 소금   ② 설탕

③ 소다   ④ 달걀

03 튀김조리 하려고 할 때 반죽방법이 잘못된 것은?

① 찬물이나 얼음물로 반죽한다.

② 밀가루 2/3에 녹말가루 1/3을 섞어서 사용한다.

③ 녹말을 달걀과 잘 섞어 사용한다.

④ 하루 사용할 반죽을 한 번에 많이 만든 후 냉장고에 보관해서 필요할 때 사용 한다.

04 바삭한 튀김을 하는 방법이 틀린 것은?

① 여러 번 튀기기 번거롭기 때문에 한번에 많이 튀긴다.

② 기름의 온도를 확인한다.

③ 재료의 물기를 제거한다.

④ 생선의 눈알은 터트려서 튀김을 한다.

05 튀김용 기름의 조건으로 맞는 것은?

① 포화지방산 함량이 높은 것이 좋다.

② 발연점이 높은 것이 좋다.

③ 동물성 기름이 좋다.

④ 융점이 높은 것이 좋다.

✓ 정답

| 01 | ② | 02 | ③ | 03 | ④ | 04 | ① | 05 | ② |

Chapter 5

중식 조림조리 --------------------------------------

1. 조림 개요

식재료(육류, 생선류, 채소, 가금류, 두부)를 정선하고 팬에 담아 불에 올려 양념을 하며 불 조절을 하면서 즙이 거의 없을 때까지 자박하게 끓여내는 것을 조림이라 한다.

1) 홍소(紅燒)-홍샤오(hong shao)

생선류, 육류, 가금류, 갑각류, 해삼류를 뜨거운 기름이나 끓는 물에 데친 후 부재료와 함께 볶아 간장소스에 조리는 것이다.

2) 민(燜)-먼(men)

"뜸을 들이다, 띄우다"라는 의미가 있으며, 뚜껑을 닫고 약한 불에 조리거나 익히는 것이다.

3) 조림의 특성

정선된 재료를 양념하여 끓이다가 물녹말을 넣고 국물을 조절하여 윤기를 낸다.

2. 조림 준비

1) **육류** : 돼지족발, 닭발, 돼지고기(난자완스), 아롱사태(오향장육)
2) **생선류** : 도미(홍쇼도미), 홍먼도미(매운도미조림)
3) **채소류** : 땅콩(오향땅콩조림)
4) **두부류** : 두부(홍쇼두부)

3. 조림 조리

1) 조림의 순서

(1) 식재료를 손질하여 먼저 할 것과 나중에 할 것을 분리한다.

(2) 물과 기름을 이용하여 데치거나 익힌다.

(3) 조림에 따라 양념이나 향신료를 이용한다.

(4) 녹말로 농도를 조절한다.

2) 조림의 방법

(1) 은은한 불에서 뭉근하게 익힌다.

(2) 너무 센 불로 조리면 조림 양념의 맛이 제대로 배지 않는다.

(3) 중간중간 재료를 뒤적이거나 조림장을 끼얹어야 양념 맛이 재료에 골고루 배어 맛이 좋다.

3) 생선류의 열에 의한 물리적 변화와 특성

(1) 결합조직 단백질이 변화한다.

(2) 근육섬유 단백질이 변성된다.

(3) 껍질의 수축과 지방이 용출된다.

(4) 열에 응착성이 있다.

4) 육류의 열에 의한 물리적 변화와 특성

(1) 가열 조리하면 소화와 영양 흡수가 잘 된다.

(2) 가열을 하면 부피와 길이가 감소하고 육질이 단단해진다.

(3) 가열 시의 색상의 변화와 단백질의 수축이 일어난다.

(4) 결합된 조직, 지방, 맛의 변화가 일어난다.

(5) 영양의 손실이 생기게 된다.

4. 조림 완성

1) 그릇의 선택

(1) 그릇의 종류

① 오목하게 들어가 있는 그릇을 사용한다.

② 냄비로 담아 음식을 제공할 때는 밑바닥에 고체 알코올이나 인덕션 위에 그릇을 올려 제공할 수도 있다.

(2) 그릇의 크기

테이블의 크기나 요리의 크기, 다른 요리들과의 조화를 고려하여 준비한다.

(3) 그릇의 재질

사기, 에나멜, 유리, 범랑 용기나 철제 용기, 인덕션 전용 용기를 사용할 수 있다.

2) 기초장식

(1) 장식물이 요리보다 크거나 먹을 수 없는 것을 올려서는 안 된다.

(2) 무나 당근에 꽃이나 사물을 조각하여 장식한다.

3) 담기

(1) 주재료와 부재료의 비율을 파악하고 크기, 모양, 색감을 고려하여 담는다.

(2) 시간을 잘 파악하여 담고, 조림요리가 식지 않도록 주의한다.

(3) 요리를 많이 담지 않고 색감을 살려 식재료를 위로 올려 식감을 증가시킨다.

(4) 고명으로 사용되는 재료를 올리면 포인트가 된다.

    예 : 고추, 실파, 지단, 깨, 대파 등

4) 제공하기

(1) 크기가 크면 부서질수 있으므로 한입 크기로 잘라서 제공한다.

(2) 따뜻하게 제공할 수도 있다.

01 재료에 각종 양념과 소스를 이용한 조림조리의 방법이 <u>틀린</u> 것은?

① 은은한 불에서 뭉근하게 익히는 게 기본이다.

② 너무 센 불로 조리면 조림 양념의 맛이 제대로 배지 않는다.

③ 중간중간 재료를 뒤적이거나 조림장을 끼얹어야 양념 맛이 재료에 골고루 배어 맛이 좋다.

④ 재료를 도톰하게 썰어 뚜껑을 닫고 센 불로 빨리 졸인다.

02 다음 중 육류 조림을 고르세요.

① 난자완스   ② 홍쇼도미

③ 홍쇼두부   ④ 홍면도미

03 생선류를 조리했을 때 열에 의한 변화로 <u>틀린</u> 것은?

① 그릇에 담아낼 때 생선과 국물을 같이 올린다.

② 처음 수 분간은 뚜껑을 열고 조림을 한다.

③ 생강이나 마늘을 거의 익은 상태에서 첨가한다.

④ 생선은 오래오래 가열한다.

04 조림의 순서가 맞는 것을 고르시오.

> 가. 식재료를 손질하여 먼저 할 것과 나중에 할 것을 분리한다.
> 나. 물과 기름을 사용하여 데치거나 익힌다.
> 다. 조림에 따라 양념이나 향신료를 사용한다.
> 라. 녹말로 농도를 조절한다.

① 가→나→다→라   ② 나→가→다→라

③ 라→가→다→나   ④ 라→다→나→가

05 조림을 담아내는 방식이 적정한 것은?

① 동그랗고 평평한 그릇을 사용한다.

② 먹을 수 없는 것도 요리와 어울리면 장식한다.

③ 보기 좋게 크게 올린다.

④ 따뜻한 요리는 고객 앞에서 서비스를 제공한다.

✅ **정답**

| 01 | ④ | 02 | ① | 03 | ④ | 04 | ① | 05 | ④ |

Chapter 6 　중식 밥조리

1. 밥 개요

쌀로 지은 밥을 이용하여 각종 밥 요리를 할 수 있다.

2. 밥 준비

1) 곡류의 종류와 특성

(1) 쌀

① 벼 상태로 수확하여 도정한 것이다.

② 전 세계 인구의 약 40%가 쌀을 주식으로 이용하고 있다.

(2) 보리

① 가장 오래된 곡식이며 대맥이라고도 한다.

② 도정을 해도 쌀같이 속겨층이 완전히 제거되지 않는다.

③ 중앙에 깊은 홈이 파여 있고 섬유소가 많아 소화가 잘 안 된다.

④ 소화율을 개선하기 위하여 압맥과 할맥으로 가공한다.

⑤ 보리의 종류

껍질보리	• 성숙 후 껍질이 종실에 밀착하여 분리되지 않는다. • 부피, 과층, 호분층, 배유로 구성
쌀보리	• 성숙 후 껍질이 종실에 밀착하여 분리되지 않는다.

(3) 밀

① 세계에서 가장 광범위하게 경작되는 식물

② 단백질의 함량에 따라

• 경질밀 : 단백질 함량이 13% 이상 – 빵 제조

- 중간밀 : 단백질 함량이 경질밀과 연질밀의 중간 – 면류
- 연질밀 : 단백질 함량이 9% 이하 – 케이크, 과자류

(4) 옥수수

① 세계 3대 곡류로 쌀 다음으로 많이 생산된다.

② 옥수수기름, 전분, 포도당, 물엿 등을 가공한다.

3. 밥 짓기

필요한 양의 쌀과 물을 배합하여 일정 시간 쌀을 불려 놓고, 도구를 선택하여 밥 짓기를 한다.

1) 밥을 하기 위한 쌀의 종류

종류	자포니카	인디카
주산지	• 중국, 중북부 및 한국과 일본	• 인도 및 동남아시아 국가
특성	• 아밀로오스와 아밀로팩틴이 2:8로 들어 있어 쌀밥은 찰기가 강한 편이고 향은 거의 없다.	• 아밀로오스 함량이 높으며 쌀밥은 비교적 끈기가 별로 없고 특유의 향이 있다.
조리	• 취반법–밥솥에 물을 조절해서 밥을 다 짓고 나면 물이 남지 않아 바닥에 눌어서 누룽지가 된다.	• 탕취법–국수 끓이듯이 그냥 물에 넣고 삶다가 중간에 체에 밭쳐 물을 버린다.
사용국	• 한국, 일본	• 중국 북부, 동남아시아 국가, 인도 등

4. 요리별 조리하여 완성

1) 볶음밥

(1) 밥을 다른 재료와 함께 기름에 볶아 만든 음식을 말한다.

(2) 쌀을 이용해서 지어둔 밥의 보존성을 올리기 위해 기름 등을 이용해서 볶아낸 것이 기원이다.

(3) 쌀은 인디카를 사용하고 밥물의 양은 평소 양보다 적게 넣어야 고슬고슬한 밥을 지을 수 있다.

(4) 강한 화력으로 순간적으로 볶아야 밥이 담백하고 꼬들꼬들하여 맛있다.

(5) 종류로는 새우볶음밥, XO볶음밥, 게살볶음밥, 카레볶음밥, 삼선볶음밥 등이 있다.

2) 덮밥

(1) 밥 위에 고기, 채소 등의 재료를 볶거나 부치거나 튀겨서 소스를 넣고 같이 섞어 먹는 요리의 일종이다.

(2) 덮밥을 총칭해 반찬으로 밥을 덮었다는 뜻에서 까이판(盖飯)이라고 부른다.

(3) 종류에는 유산슬덮밥, 잡탕밥, 송이덮밥, 마파두부덮밥, 잡채밥 등이 있다.

01 볶음밥을 하기 위한 밥이 잘 지어진 것을 고르시오.

① 인디카형 쌀을 이용하여 물의 양을 평소보다 많이 사용한다.

② 자포니카형 쌀을 이용하여 물의 양을 평소보다 많이 사용한다.

③ 인디카형 쌀을 이용하여 중간에 물을 버리고 밥을 한다.

④ 자포니카형 쌀을 이용하여 취반법으로 밥을 한다.

02 쌀의 종류에 대한 설명이 **틀린** 것은?

① 자포니카형은 끈기가 별로 없다.

② 자포니카형은 아밀로펙턴 함량이 낮다.

③ 인디카형은 아밀로오스 함량이 높다.

④ 인티카형의 탕취법으로 밥을 한다.

03 반찬으로 밥을 덮었다는 뜻에서 까이판(盖飯)이라고 부르는 밥은 무엇인가?

① 잡채밥   ② 새우볶음밥

③ 마파두부   ④ 난자완스

04 볶음밥에 대한 설명이 맞지 **않는** 것은?

① 밥의 보존성을 올리기 위해 기름 등을 이용해서 볶아낸 것이다.

② 인디카형을 사용하여 고슬고슬한 밥을 사용한다.

③ 카레나 XO소스 등을 첨가하기도 한다.

④ 밥이 타지 않게 약한 화력으로 천천히 볶아낸다.

05 밥 위에 고기, 채소 등의 재료를 볶거나 부치거나 튀겨서 소스를 넣고 같이 섞어 먹는 요리를 무엇이라 하는가?

① 덮밥   ② 볶음밥

③ 국밥   ④ 누룽지탕

✅ **정답**

| 01 | ③ | 02 | ① | 03 | ① | 04 | ④ | 05 | ① |

Chapter 7 중식 면조리

1. 면 개요

- 면이란 쌀가루나 밀가루, 메밀가루, 감자가루, 고구마가루 등을 반죽하여 얇게 밀어서 썰거나 국수틀로 가늘게 뽑아낸 식품이다.
- 밀가루 중력분에 식용소다와 물, 소금을 넣고 반죽한다.

1) 면의 분류

밀가루 국수	• 밀가루 등의 곡분을 주원료로 하여 제조한 것
전분 국수	• 전분(80% 이상)을 주원료로 하여 제조한 것 예) 당면 등
파스타	• 듀럼밀 세몰리나를 주원료로 하여 파스타 성형기로 제조한 것
냉면	• 메밀가루, 곡분, 전분을 주원료로 하여 압출, 압연 또는 이와 유사한 방법으로 성형한 것
유탕면류	• 면발을 익힌 후 유탕 처리를 한 것
기타 면류	• 수제비, 만두피 등

2) 가공방법에 따른 면의 분류

종류	방법	예시
납면	• 국수 반죽을 양쪽으로 당기고 늘려 여러 가닥으로 만드는 국수	중화면(수타면), 일본 라면
압면	• 구멍이 뚫린 틀에 반죽을 넣어 국수를 밀어내고 끓는 물에 삶아서 만드는 국수	한국 냉면, 중국 당면 이탈리아 파스타
절면	• 손으로 만든 반죽을 밀대로 밀어 얇게 만든 후 칼로 썰어 만드는 국수	한국 칼국수 일본 우동, 소바
소면	• 반죽을 길게 늘려 막대기에 면을 감은 후 가늘게 만든 국수	한국, 일본 소면 중국 선면
하분	• 묽게 반죽한 쌀가루 유액을 얇게 쪄서 부침개같이 만든 후 표면에 기름을 바르고 식혀 칼로 썰어 만든 국수	쌀국수

2. 면 준비

1) 밀가루

중력분(단백질 함량 10~13%) 또는 다목적용 밀가루는 제면용으로 이용한다.

2) 소금

(1) 밀가루 기준 2~6%의 함량으로 사용한다.

(2) 글루텐에 대한 점탄성을 증가시킨다.

(3) 맛과 풍미를 향상시킨다.

(4) 삶는 시간을 단축해준다.

(5) 보존성을 향상시켜 준다.

(6) 건면의 경우 이상 건조, 낙면을 방지한다.

3) 식용소다

(1) 식용소다와 소금을 물에 완전히 녹인 후에 사용하고, 가장 중요한 것은 소금과 소다의 비율이다.

(2) 반죽을 20~30분 숙성 후 면을 만든다.

(3) 소다 성분이 있기 때문에 빨리 익는다.

4) 물

(1) 반죽할 때의 배합수이다.

(2) 제면 공정에서 원료분 100 : 35 이상을 혼합 반죽하는 데 사용한다.

3. 반죽하여 면 뽑기

1) 생면류 면발 형성

(1) 면대와 면발의 차이와 만드는 법

면대	• 반죽을 얇게 편 것 • 다단 롤러를 이용하여 반죽을 얇고 넓적하게 펴서 만든 것
면발	• 면대를 썰어서 만든 면 가닥 • 절출기 또는 칼날을 이용하여 면 가닥을 만든 것

(2) 면발의 특성

① **면발의 수분함량** : 다가수 · 일반 · 반건조 · 건조 면발 등

- 생면 : 성형 후 바로 포장하거나 표면만 건조시킨 것

- 건면 : 수분이 15% 이하가 되게 건조한 것

- 숙면 : 익혀 포장한 면

② **면발의 굵기에 따른 요리 소재**

세면	• 면발의 굵기가 가장 가는 면 • 중국이나 일본 등에서 요리 재료로 많이 사용
소면	• 세면보다 조금 굵은 면발 • 잔치국수나 비빔면 등
중화면	• 소면보다 조금 굵은 면발 • 일본식 라면, 자장면, 짬뽕, 수타면 등
칼국수면	• 칼국수에는 면발이 넓으면서 두께는 얇은 면발을 사용 • 해물칼국수나 팥칼국수는 폭은 좁고 두께가 두꺼운 면발을 사용
우동면	• 칼국수 면보다 조금 굵은 면발 • 우동

③ 면발의 폭의 규격

• 면발 번호의 의미 : 30mm의 길이를 해당 번호로 나눈 값이 그 번호의 면발의 폭

　예) 10번 면 = 30mm ÷ 10 = 3mm가 10번 면의 폭이다.

• 번호 표현 방식 : # 뒤에 숫자를 표기한다.

　예) #10이란 10번 면이란 의미이고 면발의 폭이 3mm라는 의미

---

④ 면발 두께의 규격

• 정해진 기준이 없다.

• 각종 면의 특성과 소비자의 기호도에 따라 두께는 자율적으로 결정한다.

• 우동면은 면발의 폭과 면발 두께의 비율이 4 : 3 정도가 좋다.

4. 면 삶아 담기

1) 면 삶을 물이 끓고 있는지 확인한다.

2) 면이 익으면 씻을 찬물이 준비되어 있는지 확인한다.

3) 중식 면 조리의 메뉴에 맞는 그릇이 준비되어 있는지 확인한다.

4) 면이 완성되면 끓는 물에 넣고 잘 저어 가며 익힌다.

5) 기계면과 수타면의 삶는 시간이 다름을 이해한다.

6) 면이 익으면 건져서 찬물에 씻는다.

7) 찬물을 한 번 버리고 다시 씻는다. (최소 두 번 씻는다.)

8) 씻어낸 면을 중식 면 조리 메뉴에 따라 냉면은 차게, 온면은 끓는 물에 데쳐 그릇에 분량
　씩 담아낼 수 있다.

5. 소스재료 손질하여 면 완성

짜장면	• 돼지고기, 해산물, 양파, 호박, 생강 등을 기름에 볶아 춘장과 닭 육수를 넣고 익힌 후 물전분으로 농도를 조절하여 삶은 면 위에 얹어 만든 음식
유니짜장면	• 곱게 다진 돼지고기와 쌀알 크기로 썬 부재료(양파, 양배추 등)를 식용유에 볶아 춘장과 닭 육수를 넣고 익힌 후 물전분으로 농도를 맞추고 삶은 면 위에 얹어 만든 음식
짬뽕	• 해산물, 양배추, 양파, 고추기름, 고춧가루, 마늘, 육수 등으로 매운 국물을 만들어 삶은 국수에 부어 만든 음식
기스면	• 닭가슴살, 닭 육수, 대파, 마늘, 생강, 소금, 간장, 후추 등으로 만든 맑은 닭육수에 삶아 찢은 닭 가슴살을 삶은 국수에 부어 만든 음식
울면	• 오징어, 홍합, 바지락 등의 해산물을 넣고 끓인 국물에 물녹말을 풀어 걸쭉하게 만들어 면을 말아 먹는 음식
굴탕면	• 닭 육수에 생굴, 죽순, 청경채, 목이버섯, 마늘, 생강, 소금 등을 넣어 국물을 만들고 삶은 국수에 부어 만든 음식
해물볶음면	• 해산물, 양파, 죽순, 목이버섯, 파, 마늘, 생강, 고추기름, 두반장, 설탕, 굴소스, 전분, 청주 등의 재료로 매콤하게 볶아내고 여기에 육수와 삶은 국수를 넣어 다시 볶은 후 물전분으로 농도를 맞춘 후 담아낸 음식
사천탕면	• 해산물, 죽순, 양파, 배추, 목이버섯, 대파, 마늘, 생강, 청주, 육수, 후추, 참기름 등으로 국물을 만들어 삶은 국수 위에 부어 만든 음식
중국식 냉면	• 삶은 국수 위에 손질한 해산물, 삶은 고기, 오이, 표고버섯 등을 올리고 시원하게 준비한 냉면 육수를 끼얹어 만든 음식
냉짬뽕	• 닭육수에 준비한 해산물을 데쳐내고 냉짬뽕의 육수로 사용한다. 파, 마늘, 양파, 호박, 죽순, 고추기름, 고춧가루와 준비한 육수로 짬뽕국물을 만들고 차게 식힌다. 삶아낸 해산물과 채 썬 오이를 삶은 국수 위에 얹고 찬육수를 부어 만든 음식

01 중식 면 반죽 재료로 맞는 것은?

① 밀가루, 소금, 물, 노른자
② 밀가루, 소금, 물, 소다
③ 밀가루, 소금, 물, 식용유
④ 밀가루, 소금, 물, 설탕

02 곱게 다진 돼지고기와 쌀알 크기로 썬 부재료를 식용유에 볶아 춘장과 닭 육수를 넣고 익힌 후 물전분으로 농도를 정하고 삶은 면 위에 얹어 만든 음식은 무엇인가요?

① 유니짜장면   ② 짜장면
③ 삼선짜장면   ④ 간짜장

03 면을 만드는 방법으로 설명이 <u>틀린</u> 것은?

① 납면 – 국수 반죽을 양쪽으로 당기고 늘려 여러 가닥으로 만드는 국수
② 압면 – 구멍이 뚫린 틀에 반죽을 넣어 국수를 밀어내고 끓는 물에 삶아서 만드는 국수
③ 하분 – 손으로 만든 반죽을 밀대로 밀어 얇게 만든 후 칼로 썰어 만드는 국수
④ 소면 – 반죽을 길게 늘려 막대기에 면을 감은 후 가늘게 만드는 국수

04 다음 중 국수가 바르게 연결된 것은?

① 납면 – 수타면
② 하분 – 냉면
③ 압면 – 라면
④ 절면 – 쌀국수

05 국수의 건조 정도에 따른 설명이 <u>틀린</u> 것은?

① 생면 – 성형 후 바로 포장하거나 표면만 건조시킨 것
② 건면 – 수분이 30% 이하가 되게 건조한 것
③ 숙면 – 익혀 포장한 면
④ 유탕면 – 생면, 숙면, 건면을 증기에 찌고 팜유 등으로 튀겨낸 것

✓ **정답**

| 01 | ② | 02 | ① | 03 | ③ | 04 | ① | 05 | ② |

Chapter 8

중식 냉채조리 --

1. 냉채 개요

1) 냉채의 특징

- 전채조리로서 메뉴의 특성에 맞는 적합한 재료로 조리하는 것이다.
- 냉채는 조리과정을 통하여 차갑게 내는 요리이다.
- 소화가 잘 되게 구성해야 한다.
- 냉채는 4℃ 정도일 때가 좋다.
- 신선하고 부드러우며 향이 있고 국물이 없어야 한다.
- 다음에 나올 요리에 궁금증을 가지게 한다.
- 재료에 소스 맛이 배어들어 상큼한 맛이 나야 한다.

2) 냉채요리 선정할 때 유의사항

(1) 주요리의 가격에 따라 결정한다.

(2) 주요리가 어떤 요리인가 확인하고 냉채를 결정한다.

(3) 주요리는 계절과 연회에 따라 자주 바뀌므로 냉채도 주요리에 따라 변화를 준다.

(4) 재료와 부재료가 균형을 이루어야 한다.

(5) 조리방법이 겹치지 않아야 한다.

2. 냉채 준비

1) 재료손질법

전복	• 껍질과 내장, 이빨을 제거하고 칼집을 넣어 모양내서 사용한다.
대하 (큰새우)	• 새우는 내장과 뾰족한 부위를 잘라내고 삶아서 껍질을 제거하여 사용한다.

해파리	• 해파리 갓을 돌돌 말아서 채를 썬다. 찬물에 담가 자주 주물러서 염기를 빼고 물에 데칠 때는 질기지 않게 물의 온도에 유의한다.
오징어	• 내장, 껍질을 제거하고 소금으로 문질러 세척하고 칼집을 넣어 데쳐서 용도에 따라 잘라 사용한다.
갑오징어	• 뼈와 내장을 제거하고 속과 겉에 껍질을 제거한 후 칼집을 넣어 데친 후 몸통만 사용한다.
송화단 (피단)	• 찜기에 뚜껑을 살짝 열고 중간 불에서 찐 후 껍질을 제거하고 용도에 맞게 잘라 사용한다.
패주	• 질긴 부분은 도려내고 결 반대로 썰어 끓는 물에 부드럽게 살짝 데쳐 사용한다.
양장피 (분피)	• 뜨거운 물에 10분 정도 담갔다가 건져서 찬물에 씻은 다음 사용한다.
오이	• 소금으로 문질러 씻은 후 용도에 맞게 잘라 사용한다.

3. 기초장식 만들기

1) 기초 장식에 사용하는 재료

무	• 가장 많이 사용하는 재료 • 필요한 색을 물들여 낼 수 있다. • 다양한 모양을 낼 수 있다.	새, 꽃 등
당근	• 기초 장식으로 많이 사용 • 딱딱하니 주의한다. • 칼이나 기구를 이용해서 모양을 낸다.	앵무새, 장미꽃 등
오이	• 접시 가장자리 장식으로 많이 사용	봉황, 꽃, 나뭇잎 등
고추, 피망	• 색깔별로 사용 가능	꽃, 그릇 등
양파	• 썰어서 붙이거나 오려서 사용	꽃 등
감자	• 흰색을 표현할 때 사용	꽃 등
가지	• 굵기가 두꺼우며 색이 균일하고 속이 차 있고 꼭지가 붙어있는 것 사용	뿌리 등

4. 냉채 조리

1) 냉채조리법

(1) 냉채조리법의 종류

장국물에 조리기	• 간장 등 양념과 팔각 등 향신료를 넣어 약불로 오래 끓여서 깊은 맛이 나고 부드럽다. • 장국물은 소스로 발라준다. • **양념** : 소금, 간장, 설탕, 술, 파, 생강, 마늘, 산초, 팔각, 계피, 감초, 진피, 초과, 정향, 월계수 잎 등	오향장육 등
무치기	• 생으로 무치는 재료는 싱싱하고 상큼한 맛이 나야 한다. • 익힌 재료는 식혀서 버무린다. • **양념** : 소금, 간장, 파, 마늘, 생강, 설탕, 식초, 참기름, 겨잣가루, 후춧가루, 고추기름, 케첩, 두반장, 춘장, 산초가루, 고수 등	양장피잡채 해파리냉채 오징어냉채 등
수정처럼 만들기	• 돼지 껍질 등 아교질 성분이 많은 것을 끓여서 차갑게 식어서 굳으면 수정처럼 맑게 응고되는 원리를 이용하여 냉채를 만든다	돼지다리, 생선살, 새우살, 닭고기, 게살, 귤, 수박, 파인애플 등
훈제하기	• 가공하거나 재웠던 재료를 삶거나 찌거나, 장국물에 삶거나 튀기는 방법을 이용하여 익힌다. • 설탕, 찻잎, 쌀 등을 솥에 넣고 밀봉하여 재료에서 훈제한 향이 느껴지도록 한다. • 색이 붉은 빛으로 예쁘게 훈연한 향기가 있어 독특한 맛이 난다.	돼지고기, 닭, 오리, 달걀, 생선, 오징어, 소라 등
양념에 담그기	소금물에 담그기	• 여름은 3~5일, 겨울은 5일 숙성	배추, 무, 셀러리 등
	간장에 담그기	• 간장에 절였다 사용하는 방법 • 10일 후 숙성	채소 등
	술에 담그기	• 소홍주에 소금을 넣어 절이는 방법 • 하루 지나면 숙성	채소 등
	설탕과 식초에 담그기	• 소금에 절인 후 설탕과 식초에 담그는 방법 • 최소 8시간 숙성, 4~5일 후 먹기	채소 등

(2) 냉채 종류에 적합한 소스

겨자를 이용한 장	• 겨자가루 2큰술에 미지근한 물 1큰술을 넣어 갠 다음 찜통에 넣어 끓는 물에 10분간 찐 다음 사용한다.
케첩을 이용한 장	• 토마토케첩, 간장, 술, 소금, 설탕, 물 등을 혼합하여 하루 지난 다음 사용한다.
춘장을 이용한 장	• 두반장, 춘장, 간장, 설탕, 술을 혼합하여 하루 지난 다음 사용한다.
레몬을 이용한 장	• 레몬, 설탕, 물, 소금, 녹말가루, 참기름을 혼합하여 하루 지난 다음 사용한다.
콩장을 이용한 장	• 콩장, 술, 소금, 설탕, 간장을 혼합하여 하루 지난 다음 사용한다.

5. 냉채 완성

1) 냉채담기

(1) 냉채의 수준이 정해지는 과정이다.

(2) 생동감이 있어야 하고 색이 선명해야 한다.

(3) 냉채와 소스의 색깔, 기초 장식의 색깔까지 고려한다.

(4) 냉채와 접시까지 어우러지게 색감을 고르도록 한다.

(5) 한 사람이 한 젓가락 혹은 두 젓가락 정도 먹을 양이면 충분하다.

봉긋하게 쌓기	• 재료 모양이 일정하지 않으므로 버무려 산봉우리처럼 봉긋하게 담는다.	예) 해파리냉채
형상화 쌓기	• 예술적 감각이 필요하다. • 시간이 오래 걸리므로 식품이 오염되지 않고 건조되지 않게 주의한다. • 봉황이나 나무, 나비, 꽃 등을 연상하게 담아낸다.	예) 봉황냉채
두르기	• 재료를 썰어 접시 가장자리에 동그랗게 돌려 담고 꽃장식 등을 한다.	예) 양장피잡채
편평하게 펴놓기	• 정형화된 냉채를 썬 다음 접시에 편평하게 담는다.	예) 통닭냉채
쌓기	• 냉채를 한 조각씩 잘라서 계단 형태로 담는다.	

2) 냉채에 어울리는 기초장식

(1) 해물에 어울리는 기초 장식

① 갑오징어, 해파리 무침 : 무, 오이, 당근, 고추 등

② 술 취한 새우, 훈제 숭어 : 흰색이나 붉은 계통

(2) 육류에 어울리는 기초 장식

① 마늘소스 삼겹살 냉채 : 무, 오이, 양파 등

② 오향장육 : 흰색

01 냉채에 대한 설명으로 옳지 <u>않은</u> 것은?

① 소화가 잘 되게 구성해야 한다.

② 신선하고 부드러우며 향이 있고 촉촉하게 국물이 있어야 한다.

③ 냉채는 4℃ 정도일 때가 좋다.

④ 익히는 재료와 익히지 않는 재료가 있다.

02 냉채 조리 시 해파리의 손질법이 옳은 것은?

① 데칠 때는 질기지 않게 살짝 데친다.

② 소금으로 절인 후 부드럽게 해서 조리한다.

③ 찜기에 푹 찐 후 잘라서 조리한다.

④ 간장에 절여 색을 낸 후 조리한다.

03 물고기 향이 나는 소스로 민물생선을 조리할 때 쓰고 다양한 향신료가 어우러져 풍부한 맛을 내는 소스는 무엇인가?

① 유린기소스   ② 탕수소스

③ 어향소스   ④ XO소스

04 장식에 가장 많이 사용하는 재료로 색을 물들이거나 다양한 모양을 낼 수 있는 것은?

① 오이   ② 당근

③ 고추   ④ 무

05 냉채를 담는 방식 중에 봉황이나 나비 등의 예술적 감각을 표현하여 담는 데 시간이 다소 걸리는 방식은?

① 봉긋하게 쌓기   ② 형상화하기

③ 펴기   ④ 두르기

✓ 정답

| 01 | ② | 02 | ① | 03 | ③ | 04 | ④ | 05 | ② |

1. 볶음 개요

육류 · 생선류 · 채소류 · 두부에 각종 양념과 소스를 이용하여 볶아내는 요리

볶음조리의 특징

• 조리전 팬을 뜨겁게 달구어야 맛과 모양이 산다.

• 다양한 소스와 양념을 이용한 조리

• 재료의 맛, 색, 향이 살아있다.

• 불을 세게 해서 짧은 시간에 만드는 요리

---

2. 볶음 준비

1) 조리용 매개체 준비

(1) 조리용 매개체로서의 기름

① 열 전달체의 역할을 하고, 조리과정을 통하여 향을 증가시킨다.

② 콩기름, 옥수수기름, 올리브기름 등을 사용한다.

(2) 영양 공급원으로서의 기름

① 영양 공급체 역할을 하여 음식에 영양과 맛을 더한다.

② 음식을 부드럽게 하고, 고소한 맛을 증가시킨다.

③ 지용성 비타민의 흡수를 도와 지용성 재료를 이용한 조리에 많이 사용한다.

(3) 향을 부가하는 역할을 하는 기름

① 고소한 맛과 음식 자체의 향을 배가시킨다.

2) 주재료 준비

(1) 육류

- 돼지고기, 소고기, 닭고기, 오리고기를 많이 사용

(2) 해물류

- 생선과 새우, 해삼 등을 사용
- 재료 본래의 맛을 살리는 것이 중식 해물요리의 특징

(3) 채소류

- 푸른 잎채소를 많이 사용하고 제철 채소를 단시간에 데치거나 볶아 질감과 맛이 좋고 비타민 손실도 적다.

(4) 두부

- 고기요리나 채소요리에 두루 사용되므로 그 응용 범위가 넓다.
- 마파두부, 삼미두부, 호유두부, 일품두부 등

3) 부재료 준비

(1) 향신료

화산조	• 재료의 냄새를 없애거나 요리의 맛을 더하기 위해 사용
산초분	• 산초 열매의 검은 심을 떼어내고 냄비에 볶아서 가루로 만들어 사용
회향	• 회향 풀의 일종으로 육류, 내장류, 생선의 조림, 찜 등에 사용
오향분	• 팔각, 육계, 정향, 산초, 진피를 가루로 만들어 섞은 것

(2) 채소류

청경채, 브로콜리, 부추, 셀러리, 목이버섯, 백목이버섯, 표고버섯, 피망, 당근, 고추, 죽순, 양파, 배추, 연자, 발채 등

(3) 조미료

첨면장	• 밀가루와 콩, 소금을 함께 넣어 만든 장류이며 발효식품 • 북경 오리구이에 이용
해선장	• 물, 대두, 설탕, 식초, 소금, 쌀, 밀가루, 고추, 마늘을 넣어 발효시킨 소스 • 볶음요리에 이용
칠리오일	• 매운맛의 이색적인 칠리소스 • 딤섬, 만두류, 깐쇼새우에 이용
시즈닝 맛 간장	• 진간장에 비해서 짠맛이 덜하며 단맛이 나는 간장류 • 광동식 생선찜에 사용
고추마늘 소스	• 맵고 강한 마늘 향을 가진 조미료 • 볶음, 조림, 소스 등에 사용
바비큐소스	• 육류를 재울 때나 양념장으로 발라서 구울 때 사용 • 바비큐에 사용
매실소스	• 새콤하고 농후한 단맛 • 소스, 드레싱에 사용
기타	• 치킨파우더, XO소스, 두반장, 굴소스, 춘장, 노추 등

3. 볶음 조리

1) 볶음조리 방법

이름	방법	대표요리
차오(炒 : 초)	• '볶다'라는 뜻으로 중국조리에서 가장 많이 사용되는 방법 • 가열시간이 짧아 영양소의 손실이 적고 재료와 조미료의 복합적인 맛을 낼 수 있다.	볶음밥 고추잡채 부추잡채
빠오(爆 : 폭)	• 여러 모양으로 썬 재료들을 센 불에서 빠른 속도로 볶아내는 조리 방법 • 재료 원래의 맛이 살아있고 아삭아삭한 질감을 살리는 데 적당하다.	장폭계정
리우(熘 : 류)	• 재료를 튀기거나 삶아서 걸쭉한 소스를 만들어 재료 위에 끼얹거나 또는 조리한 재료를 소스에 버무려 내는 조리법이다.	유산슬
짜(炸 : 작)	• 다량의 뜨거운 기름에 재료를 넣어 튀겨낸 것이다.	짜춘권
지엔(煎 : 전)	• 소량의 기름을 두르고 밑 손질한 재료를 넣고 중간 또는 약불에서 한 면 또는 양면을 지져서 익혀내는 조리법이다	난자완스

펑(烹 : 팽)	• 먼저 기름에 튀기거나 볶은 뒤 간장 등 조미료를 넣고 센 불에서 조리는 조리법이다.	깐풍기

2) 볶음종류

(1) 전분을 사용하지 않는 볶음류 : 부추잡채, 고추잡채, 당면잡채, 토마토달걀볶음 등

(2) 전분을 사용하는 볶음류 : 라조육, 마파두부, 새우케첩 볶음, 채소볶음, 유산슬, 전가복, 란화우육, 하인완즈, 마라우육, 꽃게 콩소스볶음, 부용게살 등

3) 중국 음식 오방색

노란색	당근, 고구마, 생강, 바나나, 콩, 오렌지, 옥수수, 죽순 등
빨간색	홍고추, 홍피망, 팥, 석류, 토마토 등
흰색	양배추, 양파, 양송이, 새송이, 무, 마늘, 인삼 등
청색	청경채, 오이, 파, 완두콩, 풋고추, 피망, 부추, 셀러리, 얼갈이 등
검은색	검정콩, 다시마, 우엉, 가지, 표고 등

4. 볶음 완성

1) 정확한 사전준비

(1) 재료를 단시간 내에 빠르게 익혀서 완성시켜야 한다.

(2) 조미료와 부재료가 항상 일정한 자리에 있어야 한다.

(3) 파트별로 담당의 일이 각각 나누어져 있어야 한다.

2) 불 조절이 중요하고 화력을 나누어서 사용

(1) 재료의 고유한 맛을 그대로 유지한다.

(2) 영양소의 손실도 최소화 할 수 있다.

(3) 볶을 때는 화력을 강하게 한다.

(4) 전분을 사용할 때는 화력을 약하게 한다.

3) 향신료와 조미료의 향을 잘 활용

(1) 팬을 가열한 후 향채소나 조미료를 뜨거운 기름에 먼저 익혀 향을 낸다.

(2) 완성 후에는 참기름, 후추 등을 첨가해서 풍미를 높인다.

4) 식재료가 다양하고 조리법과 맛내기도 다양하고 풍부

(1) 조리를 할 때 다양한 조리법을 사용하여 그 맛을 더욱 향상시킨다.

(2) 달걀을 함께하는 요리가 발달해 있다.

(3) 냄새를 제거하는 등 맛을 증진시키는 노력이 활발하다.

5) 재료 고유의 맛, 색, 향을 살리고 풍요롭고 화려함

(1) 식재료 자체의 모양을 살리며 맛과 색을 살린다.

(2) 오색을 기반으로 화려하고 풍요로운 음식

(3) 채소, 해산물, 육류 음식을 한 그릇에 모두 담는다.

(4) 접시 전체를 화려하게 장식한다.

01 조리의 마지막에 전분을 사용하지 <u>않는</u> 볶음 요리는 무엇인가?

① 부추잡채   ② 경장육사

③ 마파두부   ④ 새우케첩볶음

02 볶음조리를 하는 방법이 <u>틀린</u> 것은?

① 불을 세게 해서 짧은 시간에 조리한다.

② 재료의 맛, 색, 향이 살아 있어야 한다.

③ 다양한 소스와 양념을 이용한 조리이다.

④ 화덕의 화력이 강하므로 팬을 올리고 바로 조리한다.

03 소량의 기름을 두르고 밑 손질한 재료를 넣고 중간 또는 약불에서 한 면 또는 양면을 지져서 익혀내는 조리법은 무엇인가?

① 차오(炒 : 초)   ② 지엔(煎 : 전)

③ 리우(熘 : 류)   ④ 짜(炸 : 작)

04 물, 대두, 설탕, 식초, 소금, 쌀, 밀가루, 고추, 마늘을 넣어 발효시킨 소스는 무엇인가?

① 첨면장   ② 두반장

③ 해선장   ④ 시즈닝

05 중국 음식의 오방색 중 기쁨과 경사를 상징하는 색의 식재료는?

① 무   ② 죽순

③ 양송이   ④ 토마토

✓정답

| 01 | ① | 02 | ④ | 03 | ② | 04 | ③ | 05 | ④ |

1. 후식 개요

- 주요리와 어울릴 수 있어야 한다.
- 음식을 먹고 난 후 입가심으로 먹는 것이다.
- 더운 것과 찬 것 중 찬 것을 나중에 낸다.
- 부담 없이 적은 양을 제공한다.

2. 후식 준비

• 후식의 종류

빠스류	• 누에고치에서 실을 뽑는 모양에서 유래되었다. • 설탕시럽을 만든 후 재료에 입히는 요리 • 더운 후식	고구마, 옥수수, 은행, 사과, 바나나, 찹쌀떡 등
시미로	• 타피오카 전분과 과일을 혼합하여 차게 하여 사용 • 차가운 후식	멜론, 망고, 홍시 등
과일	• 신선한 계절과일	
무스류	• 아이스크림과 젤리의 중간 형태	딸기무스케이크, 단호박무스케이크 등
파이류	• 디저트로 많이 이용되는 과일을 넣은 것	호두파이, 사과파이 등

3. 더운 후식류 조리

1) **종류** : 빠스류
2) **재료** : 고구마, 은행, 바나나, 옥수수, 찹쌀, 식용유, 설탕

4. 찬 후식류 조리

1) 종류 : 행인두부, 시미로, 과일

2) 재료

• 행인 : 살구 씨의 안쪽 흰 부분을 갈아서 행인두부 만들 때 사용한다.

• 타피오카 : 시미로와 행인두부 등의 응고를 담당하고 특히 찬 음식의 응고에 사용한다.

5. 후식 조리법

1) 재료의 선택은 다양하고 엄격하게 한다.

2) 썰기는 요리에 맞는 방법으로 정교하고 세밀하게 한다.

3) 다양하고도 광범위한 맛내기를 연구한다.

4) 화력 조절에 주의한다.

01 후식에 대한 설명으로 옳지 <u>않은</u> 것은?

① 주요리와 어울릴 수 있어야 한다.

② 음식을 먹고 난 후 입가심으로 먹는 것이다.

③ 더운 것과 찬 것 중 더운 것을 나중에 낸다.

④ 부담 없이 적은 양을 제공한다.

02 누에고치에서 실을 뽑는 모양으로 설탕시럽을 만든 후 재료에 입히는 요리는 무엇인가?

① 빠스

② 시미로

③ 지마구

④ 행인두부

03 다음 중 더운 후식은 무엇인가?

① 리찌두부

② 시미로

③ 선과

④ 빠스 바나나

04 타피오카 전분을 사용하는 차가운 후식은 무엇인가?

① 빠스옥수수

② 아이스크림

③ 시미로

④ 젤리

05 후식이란 음식을 먹고 난 뒤 입가심으로 제공되는 음식이다. 옳지 <u>않은</u> 것은?

① 더운 것과 찬 것을 모두 낼 때는 더운 것을 먼저, 찬 것은 나중에 제공한다.

② 적은 양보다 풍성하고 넉넉히 제공한다.

③ 주요리와 어울릴 수 있는 것을 낸다.

④ 찬 후식으로 시미로, 무스, 과일 등이 있다.

✓ 정답

| 01 | ③ | 02 | ① | 03 | ④ | 04 | ③ | 05 | ② |

PART 2

중식
기출
문제

중식 기출문제

01 세균성 식중독의 예방법으로 적합하지 **않은** 것은?

① 시설 및 식품을 위생적으로 취급한다.

② 일단 조리한 식품은 빠른시간 내에 섭취하도록 한다.

③ 식품을 냉동고에 보관할 때는 덩어리째 보관하여 사용 시마다 냉동 및 해동을 반복하여 조리한다.

④ 식기, 도마 등은 세척과 소독에 철저를 기한다.

정답 ③

해설 냉동과 해동을 반복하면 세균이 증식하고 품질이 저하되므로 필요한 양만큼 분할 소포장하여 냉동한다.

02 다음 산화방지제 중 사용제한이 **없는** 것은?

① L-아스코르빈산나트륨

② 아스코르빌 팔미테이트

③ 디부틸히드록시톨루엔

④ 이디티에이2나트륨

정답 ①

해설 비타민 C, 비타민 E, L-아스코르빈산나트륨은 사용제한이 없다.

03 식품과 독성분의 연결이 **틀린** 것은?

① 매실 – 베네루핀(venerupin)

② 섭조개 – 삭시톡신(saxitoxin)

③ 독버섯 – 무스카린(muscarine)

④ 독보리 – 테물린(temuline)

정답 ①

04 다음 균에 의해 식사 후 식중독이 발생했을 경우 평균적으로 가장 빨리 식중독을 유발시킬 수 있는 원인균은?

① 살모넬라균   ② 리스테리아

③ 포도상구균   ④ 장구균

정답 ③

해설 잠복기 살모넬라 평균 18시간, 리스테리아균 1~7일, 장구균 5~10시간, 포도상구균 평균 3시간

05 부패된 어류에 나타나는 현상은?

① 아가미의 색깔이 선홍색이다.

② 육질은 탄력성이 있다.

③ 눈알은 맑지 않다.

④ 비늘은 광택이 있고 점액이 별로 없다.

정답 ③

06 식품을 조리 또는 가공할 때 생성되는 유해물질과 그 생성 원인을 잘못 짝지은 것은?

① 엔-니트로소아민(N-nitrosoamine) - 육가공품의 발색제 사용으로 인한 아질산과 아민과의 반응 생성물

② 다환방향족 탄화수소(Polycyclic aromatic hydrocarbon) - 유기물질을 고온으로 가열할 때 생성되는 단백질이나 지방의 분해 생성물

③ 아크릴아마이드(acrylamide) - 전분식품을 가열 시 아미노산과 당의 열에 의한 결합 반응 생성물

④ 헤테로고리아민(heterocyclic amines) - 주류 제조 시 에탄올과 카바밀기의 반응에 의한 생성물

정답 ④

해설 헤테로고리아민은 헤타로사이클릭아민류(HCA)라고도 하며 육류나 생선을 고온으로 조리할 때 존재하는 아미노산과 크레아틴이라는 물질이 반응하여 고리형태로 생성되는 물질

07 보존제에 대한 설명으로 옳은 것은?

① 식품에 발생하는 해충을 사멸시키는 물질

② 식품의 변질 및 부패의 원인이 되는 미생물을 사멸시키거나 증식을 억제하는 작용을 가진 물질

③ 식품 중의 부패세균이나 전염병의 원인균을 사멸시키는 물질

④ 곰팡이의 발육을 억제시키는 물질

정답 ②

08 세균성 식중독의 가장 대표적인 증상은?

① 중추신경 마비 　　② 급성 위장염
③ 언어장애 　　　　④ 시력장애

정답 ②

09 우리나라 식품위생법에서 정의하는 식품첨가물에 대한 설명으로 틀린 것은?

① 식품의 조리과정에서 첨가되는 양념

② 식품의 가공과정에서 첨가되는 천연물

③ 식품의 제조과정에서 첨가되는 화학적 합성품

④ 식품의 보존과정에서 저장성을 증가시키는 물질

정답 ①

10 식품취급자가 손을 씻는 방법으로 적합하지 않은 것은?

① 살균효과를 증대시키기 위해 역성비누액에 일반 비누액을 섞어 사용한다.

② 팔에서 손으로 씻어 내려온다.

③ 손을 씻은 후 비눗물을 흐르는 물에 충분히 씻는다.

④ 역성 비누원액을 몇 방울 손에 받아 30초 이상 문지르고 흐르는 물로 씻는다.

정답 ①

11 황색 포도상구균의 특징이 <u>아닌</u> 것은?

① 균체가 열에 강함

② 독소형 식중독 유발

③ 화농성 질환의 원인균

④ 엔테로톡신(enterotoxin) 생성

정답 ①

해설 포도상구균은 끓이면 균은 죽지만 엔테로톡신(독소)은 남아 있다.

12 다음 중 식품위생법에 명시된 목적이 <u>아닌</u> 것은?

① 위생상의 위해를 방지

② 건전한 유통 · 판매를 도모

③ 식품영양의 질적 향상을 도모

④ 식품에 관한 올바른 정보를 제공

정답 ②

13 집단급식소란 영리를 목적으로 하지 아니하면서 특정 다수인에게 계속하여 음식물을 공급하는 기숙사 · 학교 · 병원 그 밖의 후생기관 등의 급식시설로서 1회 몇 인 이상에게 식사를 제공하는 급식소를 말하는가?

① 30명   ② 40명

③ 50명   ④ 60명

정답 ③

14 영업신고를 하여야 하는 업종은?

① 단란주점영업   ② 유흥주점영업

③ 일반음식점영업   ④ 식품조사처리업

정답 ③

해설 영업신고를 해야 하는 업종 : 휴게음식점영업, 일반음식점영업, 위탁급식영업, 제과점영업

15 중식조리의 특징이 <u>아닌</u> 것은?

① 재료의 선택이 매우 자유롭고 광범위하며 중요하다.

② 칼질이 정교하고 모양이 다양하다.

③ 기름을 적게 사용하고 조리기구가 간단하다.

④ 중국 음식에는 몇 인분이라는 말이 없다.

정답 ③

16 식품의 변화현상에 대한 설명 중 <u>틀린</u> 것은?

① 산패 : 유지식품의 지방질 산화

② 발효 : 화학물질에 의한 유기화합물의 분해

③ 변질 : 식품의 품질 저하

④ 부패 : 단백질과 유기물이 부패 미생물에 의해 분해

정답 ②

17 기름을 이용하여 조리하는 방법이 <u>아닌</u> 것은?

① 蒸(증)   ② 抄(초)

③ 煎(전)   ④ 溜(류)

정답 ①

18 아래의 안토시아닌(anthocyanin)의 화학적 성질에 대한 설명에서 ( ) 안에 알맞은 것을 순서대로 나열한 것은?

> anthocyanin은 산성에서는 ( ), 중성에서는 ( ), 알칼리성에서는 ( )을 나타낸다.

① 적색 – 자색 – 청색

② 청색 – 적색 – 자색

③ 노란색 – 파란색 – 검정색

④ 검정색 – 파란색 – 노란색

정답 ①

해설 안토시안 색소는 채소 및 과일에 들어 있는 색소로 산성에서 적색, 알칼리에서 청색을 나타낸다.

19 다음 중 천연 항산화제와 거리가 먼 것은?

① 토코페롤　　　　② 스테비아 추출물

③ 플라본 유도체　　④ 고시폴

정답 ②

해설 식물에서 추출하는 스테비오사이드는 설탕의 300배 정도의 단맛을 내는 감미료다.

20 전분의 변화에 대한 설명으로 옳은 것은?

① 호정화란 전분에 물을 넣고 가열시켜 전분입자가 붕괴되고 미셀구조가 파괴되는 것이다.

② 호화란 전분을 묽은 산이나 효소로 가수분해시키거나 수분이 없는 상태에서 160~170℃로 가열하는 것이다.

③ 전분의 노화를 방지하려면 호화전분을 0℃ 이하로 급속 동결시키거나 수분을 15% 이

하로 감소시킨다.

④ 아밀로오스의 함량이 많은 전분이 아밀로펙틴이 많은 전분보다 노화되기 어렵다.

정답 ③

21 밥 위에 고기, 채소 등의 재료를 볶거나 부치거나 튀기거나 하여 소스 등을 넣고 같이 섞어 먹는 요리의 종류가 **아닌** 것은?

① 볶음밥　　　　　② 잡채밥

③ 잡탕밥　　　　　④ 마파두부덮밥

정답 ①

해설 덮밥은 밥 위에 고기, 채소 등의 재료를 볶거나 부치거나, 튀기거나 하여 소스 등을 넣고 같이 섞어 먹는 요리의 일종이다.

22 다음 중 알칼리성 식품의 성분에 해당하는 것은?

① 유즙에 칼슘(Ca)

② 생선의 유황(S)

③ 곡류의 염소(Cl)

④ 육류의 산소(O)

정답 ①

23 질긴 부위의 고기를 물속에서 끓일 때 고기가 연하게 되는데, 이에 관여하는 주된 원인 물질은?

① 헤모글로빈　　　② 콜라겐

③ 엘라스틴　　　　④ 미오글로빈

해설 콜라겐이 많고 질긴 고기는 물과 함께 장시간 가열하면 고기가 부드러워진다.

24 유지의 신선도를 측정하기 위한 수치는?

① 검화값   ② 산값

③ 요오드값   ④ 아세틸값

25 다음 중 효소가 아닌 것은?

① 말타아제(maltase)   ② 펩신(pepsin)

③ 레닌(rennin)   ④ 유당(lactose)

26 조림의 방법이 올바르지 않은 것은?

① 은은한 불에서 뭉근하게 익힌다.

② 센 불에서 빨리 조리한다.

③ 조림장을 끼얹어야 양념 맛이 재료에 골고루 배어 맛이 좋다.

④ 조림에 따라 양념이나 향신료를 이용한다.

해설 조림은 강불-중불-약불로 조리해야 한다.

27 과일 잼 가공 시 펙틴은 주로 어떤 역할을 하는가?

① 신맛증가   ② 구조형성

③ 향보존   ④ 색소보존

해설 펙틴, 당, 산은 잼 가공 시 구조를 형성하는 역할을 한다.

28 아이코사펜타노익산(EPA : eicosapenta-noic acid)과 같은 다가불포화지방산을 많이 함유하고 있는 생선은?

① 고등어   ② 갈치

③ 조기   ④ 대구

해설 EPA는 음식물을 통하여 섭취해야 하며 불포화지방산(오메가-3)으로 등푸른생선(고등어, 꽁치, 참치)에 많이 함유되어 있다.

29 신선도가 떨어진 어패류의 냄새 성분이 아닌 것은?

① TMAO(trimethylamine oxide)

② 암모니아(ammonia)

③ 황화수소(H_2S)

④ 인돌(indole)

30 다음 동물성 지방의 종류와 급원 식품이 잘못 연결된 것은?

① 라드 – 돼지고기의 지방조직

② 우지 – 소고기의 지방조직

③ 마가린 – 우유의 지방

④ DHA – 생선기름

정답 ③

해설 액상인 식물성유에 수소를 첨가하여 고체의 형태인 포화지방산으로 고체화시킨 가공유지

31 소량의 기름을 두르고 밑 손질한 재료를 넣고 중간 또는 약불에서 한면 또는 양면을 지져서 익혀 내는 조리법으로 조리한 것은 무엇인가?

① 짜춘권   ② 난자완스

③ 유산슬   ④ 장폭계정

정답 ②

해설 짜춘권 : 다량의 뜨거운 기름에 재료를 넣어 튀겨 낸 것이다.

유산슬 : 재료를 튀기거나 삶아서 걸쭉한 소스를 만들어 재료 위에 끼얹거나 또는 조리한 재료를 소스에 버무려 내는 조리법이다.

장폭계정 : 여러 모양으로 썬 재료들을 센 불에서 빠른 속도로 볶아내는 조리방법이다. 재료 원래의 맛이 살아있고 아삭아삭한 질감을 살리는 데 적당하다.

32 비린내가 심한 어류의 조리방법으로 잘못된 것은?

① 청주나 포도주를 첨가하여 조리한다.

② 물에 씻을수록 비린내가 많이 나므로 재빨리 씻어 조리한다.

③ 식초와 레몬즙 등의 신맛을 내는 조미료를 사용하여 조리한다.

④ 황화합물을 함유한 마늘, 파, 양파를 양념으로 첨가하여 조리한다.

정답 ②

33 급식소의 배수시설에 대한 설명으로 옳은 것은?

① S트랩은 수조형에 속한다.

② 배수를 위한 물매는 1/10 이상으로 한다.

③ 찌꺼기가 많은 경우는 곡선형 트랩이 적합하다.

④ 트랩을 설치하면 하수도로부터의 악취를 방지할 수 있다.

정답 ④

해설 S트랩은 곡선형에 속한다. 배수를 위한 물매는 1/100 이상으로 한다.

찌꺼기가 많은 경우는 수조형 트랩이 적합하다.

34 단맛을 내는 조미료에 속하지 않는 것은?

① 올리고당(oligosaccharide)

② 설탕(sucrose)

③ 스테비오사이드(stevioside)

④ 타우린(taurine)

정답 ④

해설 타우린은 아미노산의 일종이며 새우, 문어, 오징어, 조개류 등에 많이 들어 있는 감칠맛 성분이다.

35 채소를 데칠 때 뭉그러짐을 방지하기 위한 가장 적당한 소금의 농도는?

① 1%   ② 10%

③ 20%   ④ 30%

정답 ①

36 밀가루를 물로 반죽하여 면을 만들 때 반죽의 점성에 관계하는 주성분은?

① 글로불린(globulin)

② 글루텐(gluten)

③ 덱스트린(dextrin)

④ 아밀로펙틴(amylopectin)

정답 ②

37 누에고치에서 실을 뽑는 모양에서 유래된 중식의 후식요리는 무엇인가?

① 빠스   ② 시미로

③ 지미구   ④ 선과

정답 ①

해설 빠스 : 설탕시럽을 만든 후 재료에 입히는 요리로 더운 후식이다. 고구마, 옥수수, 은행, 사과, 바나나, 찹쌀떡 등으로 만든다.
시미로 : 타피오카 전분과 과일을 혼합하여 차게 하여 사용, 차가운 후식, 멜론, 망고, 홍시 등으로 만든다.
지마구 : 찹쌀떡의 종류로 기름에 지지거나 튀겨낸 떡으로 깨를 묻힌다.

38 양파를 가열 조리 시 단맛이 나는 이유는?

① 황화아릴류가 증가하기 때문

② 가열하면 양파의 매운맛이 제거되기 때문

③ 알리신이 티아민과 결합하여 알리티아민으로 변하기 때문

④ 황화합물이 프로필메르캅탄(propylmercaptan)으로 변하기 때문

정답 ④

해설 양파의 맛성분이 열을 가하면 기화되면서 일부 분해되어 단맛을 내는 "프로필메르캅탄" 때문이다.

39 식품에 식염을 직접 뿌리는 염장법은?

① 물간법   ② 마른간법

③ 압착 염장법   ④ 염수주사법

정답 ②

40 어패류에 소금을 넣고 발효 숙성시켜 원료 자체 내 효소의 작용으로 풍미를 내는 식품은?

① 어육소시지   ② 어묵

③ 통조림   ④ 젓갈

정답 ④

41 다음의 냉동방법 중 얼음 결정이 미세하여 조직의 파괴와 단백질 변성이 적어 원상유지가 가능하며 물리적 화학적 품질변화가 적은 것은?

① 침지동결법   ② 급속동결법

③ 접촉동결법   ④ 공기동결법

정답 ②

42 단체급식에서 생길 수 있는 문제점과 거리가 먼 것은?

① 심리면에서 가정식에 대한 향수를 느낄 수 있다.

② 비용면에서 물가상승 시 재료비가 충분하지 않을 수 있다.

③ 청결하지 않게 관리할 경우 위생상의 사고 위험이 있다.

④ 불특정인을 대상으로 하므로 영양관리가 안 된다.

정답 ④

---

43 근육의 주성분이며 면역과 관계가 깊은 영양소는?

① 비타민 ② 지질

③ 단백질 ④ 무기질

정답 ③

---

44 육류, 채소 등 식품을 다지는 기구를 무엇이라고 하는가?

① 초퍼(chopper) ② 슬라이서(slicer)

③ 채소절단기(cutter) ④ 필러(peeler)

정답 ①

---

45 HACCP에 대한 설명으로 틀린 것은?

① 어떤 위해를 미리 예측하여 그 위해요인을 사전에 파악하는 것이다.

② 위해 방지를 위한 사전 예방적 식품안전관리 체계를 말한다.

③ 미국, 일본, 유럽연합, 국제기구(Codex, WHO) 등에서도 모든 식품에 HACCP을 적용할 것을 권장하고 있다.

④ HACCP 12절차의 첫 번째 단계는 위해요소 분석이다.

정답 ④

해설 HACCP 12절차의 첫 번째 단계는 HACCP팀 구성이다.

위해요소분석은 HACCP의 7원칙 중 원칙1이다.

〈HACCP수행의 7원칙〉

원칙1 : 위해요소분석

원칙2 : 중요관리점 결정

원칙3 : 중요관리점에 대한 한계기준 설정

원칙4 : 중요관리점 모니터링 체계 확립

원칙5 : 개선조치 방법 수립

원칙6 : 검증절차 및 방법 수립

원칙7 : 문서화, 기록유지 방법 설정

---

46 사천요리로 물고기 향이 나는 소스로 민물 생선을 조리할 때 쓰는 다양한 향신료가 어우러져 풍부한 맛을 내는 소스는 무엇인가?

① 어향소스 ② 깐풍소스

③ 탕수소스 ④ 겨자소스

정답 ①

해설 깐풍소스 : 국물 없이 마르게 볶는 조리법, 소스가 적기 때문에 간이 셈 – 깐풍기, 깐풍육, 깐풍새우 등

탕수소스 : 새콤달콤한 소스이고 튀긴 생선이나 고기에 많이 이용 – 탕수육, 탕수생선

겨자소스 : 약간의 신맛과 매콤한 풍미의 소스 – 양장피잡채, 오징어냉채

47 다음 중 젤라틴을 이용하는 음식이 <u>아닌</u> 것은?

① 두부 ② 족편

③ 과일젤리 ④ 아이스크림

정답 ①

해설 두부는 콩 단백질인 글리시닌이 무기염류(응고제)에 의해 응고시킨 제품이다.

48 감염병 발생의 3대 요인이 <u>아닌</u> 것은?

① 예방접종 ② 환경

③ 숙주 ④ 병인

정답 ①

해설 감염병 발생의 3대 요인

- 병원체(감염원) : 직접적인 요인으로 질적, 양적으로 질병을 유발할 수 있는 충분한 요인
- 환경(감염경로) : 질병발생의 외적요인으로 병원체의 전파수단이 되는 환경요인
- 숙주(감수성) : 병원체에 대한 면역성은 없고 감수성이 있는 요인
- 예방접종은 감염병 발생이 아닌 예방에 속한다.

49 해파리냉채 조리방법이 <u>틀린</u> 것은?

① 해파리 갓을 돌돌 말아서 채를 썬다.

② 찬물에 담가 자주 주물러서 염기를 제거한다.

③ 물에 데칠 때는 질기지 않게 한다.

④ 불순물이 많아 끓는 물에 오래오래 데친다.

정답 ④

해설 해파리는 짠물을 제거하고 부드럽게 데쳐서 소스에 버무린다. 오래 데치면 질겨진다.

50 다음 중 기름의 산패가 촉진되는 경우는?

① 밝은 창가에 보관할 때

② 갈색병에 넣어 보관할 때

③ 저온에서 보관할 때

④ 뚜껑을 꼭 막아 보관할 때

정답 ①

51 상수를 정수하는 일반적인 순서는?

① 침사 → 침전 → 여과 → 소독

② 예비처리 → 본처리 → 오니처리

③ 침전 → 여과처리 → 소독

④ 예비처리 → 침전 → 침사 → 소독

정답 ①

52 식품 검수 시 유의할 점으로 <u>잘못된</u> 것은?

① 정확한 검수를 위해 식품은 맨손으로 만져보고, 직접 맛을 본다.

② 검수 시 식품은 검수대 바닥에서 60cm 이상 높이에서 진행한다.

③ 검수는 식품이 도착하자마자 바로 진행한다.

④ 검수 후 규격에 맞지 않는 식품은 반드시 반품 처리한다.

정답 ①

53 병원체가 세균인 감염병은?

① 전염성 간염 ② 백일해

③ 폴리오   ④ 홍역

정답 ②

54 자외선의 인체에 대한 내용 설명으로 **틀린** 것은?

① 살균작용과 피부암을 유발한다.
② 체내에서 비타민 D를 생성시킨다.
③ 피부결핵이나 관절염에 유해하다.
④ 신진대사 촉진과 적혈구 생성을 촉진시킨다.

정답 ③

해설 자외선은 관절염 치료효과가 있다.

55 심한 설사로 인하여 탈수증상을 나타내는 전염병은?

① 콜레라   ② 백일해
③ 결핵   ④ 홍역

정답 ①

56 포자형성균의 멸균에 알맞은 소독법은?

① 자비소독법   ② 저온소독법
③ 고압증기멸균법   ④ 희석법

정답 ③

57 다음 중 중간숙주가 하나인 기생충은?

① 간디스토마   ② 폐디스토마

③ 무구조충   ④ 광절열두조충

정답 ③

해설 무구조충(민촌충) 소고기

58 다음은 식품구매의 절차이다. ( ) 안에 들어갈 알맞은 단어는?

> 품목의 종류 및 수량 결정 - 용도에 맞는 제품 선택 - 식품명세서 작성 - 공급자 선정 및 가격 결정 - (   ) - 납품 - 검수 - 대금 지불 및 물품 입고 - 보관

① 시장조사   ② 재고조사
③ 발주   ④ 매출관리

정답 ③

59 면을 만들어 건조하는 건면의 수분함량으로 맞는 것은?

① 15% 이하   ② 20% 이하
③ 30% 이하   ④ 40% 이하

정답 ①

60 채소류로부터 감염되는 기생충은?

① 동양모양선충, 편충
② 회충, 무구조충
③ 십이지장충, 선모충
④ 요충, 유구조충

정답 ①

중식 기출문제

01 Staphylococcus aureus균이 분비하는 장독소가 원인이 되는 식중독은?

① 살모넬라 식중독

② 장염비브리오 식중독

③ 병원성대장균 식중독

④ 황색포도상구균 식중독

정답 ④

해설 황색포도상구균은 장독소인 엔테로톡신을 생성하여 구토, 설사, 복통 등의 증상이 나타남

02 개인 위생수칙 중 바른 것은?

① 모든 종업원은 작업장에 입실 후에 지정된 보호구를 착용한다.

② 작업장 내에는 음식물, 담배, 장신구의 반입을 금한다.

③ 급한 연락을 대비하여 핸드폰은 소지한 후 입실한다.

④ 보호구를 착용한 후에는 작업장 내에서 자유롭게 이동할 수 있다.

정답 ②

해설 모든 종업원은 작업장에 입실 전에 지정된 보호구를 착용하며, 핸드폰을 포함한 모든 소지품과 장신구는 금지한다. 보호구를 착용한 후에는 작업장 내

의 지정된 출입구와 전용통로를 이용한다.

03 자외선 살균 등의 특징과 거리가 먼 것은?

① 사용법이 간단하다.

② 조사대상물에 거의 변화를 주지 않는다.

③ 잔류효과는 없는 것으로 알려져 있다.

④ 유기물 특히 단백질이 공존 시 효과가 증가한다.

정답 ④

해설 자외선 살균법은 단백질이 공존하는 경우 살균효과가 떨어진다.

04 과채류의 품질유지를 위한 피막제로만 사용되는 식품첨가물은?

① 실리콘수지   ② 몰포린지방산염

③ 인산나트륨   ④ 만니톨

정답 ②

해설 과일, 채소의 표면에 피막을 형성하는 첨가물로 피막제라 하며 종류에는 몰포린지방산염, 초산비닐수지가 있다.

05 식중독에 관한 설명으로 틀린 것은?

① 자연독이나 유해물질이 함유된 음식물을 섭취함으로써 생긴다.

② 발열, 구토, 설사, 복통 등의 증세가 나타난다.

③ 세균, 곰팡이, 화학물질 등이 원인물질이다.

④ 대표적인 식중독은 콜레라, 세균성이질, 장티푸스 등이 있다.

정답 ④

해설 콜레라, 장티푸스, 세균성이질은 수인성 감염병이다.

06 식품의 부패 정도를 측정하는 지표로 가장 거리가 먼 것은?

① 휘발성염기질소(VBN)

② 트리메틸아민(TMA)

③ 수소이온농도(pH)

④ 총질소(TN)

정답 ④

07 단백질이 탈탄산반응에 의해 생성되어 알레르기성 식중독의 원인이 되는 물질은?

① 탄수화물   ② 아민류

③ 지방산   ④ 알코올

정답 ②

해설 알레르기성 식중독은 붉은 살 생선의 섭취 시 부패와는 상관없이 발생하는 식중독으로 단백질의 탈탄산반응에 의해 생성되는 아민류나 히스타민이 그 원인물질이다.

08 곰팡이독(mycotoxin) 중에서 간장독을 일으키는 독소가 아닌 것은?

① 아이스란디톡신(islanditoxin)

② 시트리닌(citrinin)

③ 아플라톡신(aflatoxin)

④ 루테오스키린(luteoskyrin)

정답 ②

09 식품위생법상 식품첨가물이 식품에 사용되는 방법이 아닌 것은?

① 침윤   ② 반응

③ 첨가   ④ 혼입

정답 ②

해설 식품첨가물은 식품을 제조, 가공, 또는 보존함에 있어 식품에 첨가, 혼합, 침윤, 기타의 방법으로 사용되는 물질이다.

10 식품에 존재하는 유기물질을 고온으로 가열할 때 단백질이나 지방이 분해되어 생기는 유해물질은?

① 에틸카바메이트(ethylcarbamate)

② 다환방향족탄화수소(polycysticaromatichydrocarbon)

③ 엔-니트로소아민(N-nitrosoamine)

④ 메탄올(methanol)

정답 ②

해설 고기 등 단백질 식품을 구울 때 생기는 다환방향족탄화수소의 물질은 유기물이 불완전 연소되는 과정에서 발생되며 미량으로도 암을 유발할 수 있다.

11 식품 등을 제조·가공하는 영업자가 식품 등이 기준과 규격에 맞는지 자체적으로 검사하는 것을 일컫는 식품위생법상의 용어는?

① 제품검사   ② 자가품질검사

③ 수거검사   ④ 정밀검사

정답 ②

해설 자가 품질검사 의무에 따라 식품을 제조, 가공하는 영업자는 총리령으로 정하는 기준과 규격에 맞는지를 검사하여야 한다.

12 다음에서 설명하는 칼질법은 무엇인가?

> – 속도가 빠르고 손목의 스냅을 이용
> – 많은 양을 썰 때 편리
> – 소리가 크고 정교함이 떨어짐

① 밀어썰기   ② 후려썰기

③ 당겨썰기   ④ 작두썰기

정답 ②

13 식품위생법상 영업 중 "신고를 하여야 하는 변경사항"에 해당하지 <u>않는</u> 것은?

① 식품운반업을 하는 자가 냉장·냉동 차량을 증감하려는 경우

② 식품자동판매기영업을 하는 자가 같은 시, 군, 구에서 식품자동판매기의 설치 대수를 증감하려는 경우

③ 즉석판매제조·가공업을 하는 자가 즉석판매제조, 가공 대상 식품 중 식품의 유형을 달리하여 새로운 식품을 제조·가공하려는 경우(단, 자가품질검사 대상인 경우)

④ 식품첨가물이나 다른 원료를 사용하지 아니한 농, 임, 수산물 단순가공품의 건조 방법을 달리하고자 하는 경우

정답 ④

14 식품공전상 찬 곳이라 함은 따로 규정이 없는한 몇 도를 의미하는가?

① −48~−20℃   ② −14~−10℃

③ −5~0℃   ④ 0~15℃

정답 ④

해설 식품공전상 찬 곳은 0~15℃를 의미한다.

15 아래는 식품위생법상 교육에 관한 내용이다. ( ) 안에 알맞은 것을 순서대로 나열하면?

> ( )은 식품위생 수준 및 자질의 향상을 위하여 필요한 경우 조리사와 영양사에게 교육을 받을 것을 명할 수 있다. 다만 집단급식소에 종사하는 조리사와 영양사는 ( )마다 교육을 받아야 한다.

① 식품의약품안전처장, 2년

② 식품의약품안전처장, 1년

③ 보건복지부장관, 1년

④ 보건복지부장관, 2년

정답 ②

해설 식품의약품안전처장은 식품위생 수준, 자질의 향상을 위하여 필요한 경우 조리사와 영양사에게 교육을 명할 수 있다. 다만, 집단급식소의 조리사와 영양사는 1년마다 교육을 받아야 한다.

16 탕수육을 만들 때 전분을 물에 풀어서 넣을 때 용액의 성질은?

① 젤(gel)　　　　　② 현탁액

③ 유화액　　　　　④ 콜로이드 용액

정답 ②

해설 액체 속에 미세한 고체 입자가 분산되어 있는 것을 현탁액이라 하며 탕수육 소스의 경우 전분을 물에 풀어놓았을 때 용액의 성질과 같다.

17 산과 당이 존재하면 특징적인 젤(gel)을 형성하는 것은?

① 섬유소(cellulose)

② 펙틴(pectin)

③ 전분(stsrch)

④ 클리코겐(glycogen)

정답 ②

18 볶음밥을 하기 위한 밥 짓기가 가장 좋은 것은?

① 인디카형 쌀을 물에 불린 후 물을 붓지 않고 밥을 한다.

② 인디카형의 쌀을 사용하고 물의 양을 평소 양보다 적게 넣어 고슬고슬한 밥을 한다.

③ 자포니카형 쌀을 물에 불려 물을 넉넉하게 부어 밥을 한다.

④ 자포니카형 쌀로 밥을 지어 누룽지가 나오게 눌려서 밥을 한다.

정답 ②

해설 자포니카형 쌀 – 취반법 – 밥솥에 물을 조절해서

부어 밥을 다 짓고 나면 물이 남지 않아 바닥에 눌어서 누룽지가 된다.

인디카형 쌀 – 탕취법 – 국수 끓이듯이 그냥 물에 넣어 삶다가 중간에 체에 밭쳐 물을 버린다.

19 유지의 산패를 차단하기 위해 상승제(synergist)와 함께 사용하는 물질은?

① 보존제　　　　　② 발색제

③ 항산화제　　　　④ 표백제

정답 ③

해설 상승제는 산화방지제라고도 하며 항산화제와 사용하여 유지의 산패를 차단하는 물질이다.

20 안토시아닌 색소를 함유하는 과일의 붉은색을 보존하려고 할 때 가장 좋은 방법은?

① 식초를 가한다.

② 중조를 가한다.

③ 소금을 가한다.

④ 수산화나트륨을 가한다.

정답 ①

해설 안토시안 – 산성 → 붉은색, 알칼리 → 청색, 중성 → 보라색

21 식품의 동결건조에 이용되는 주요 현상은?

① 융해　　　　　　② 기화

③ 승화　　　　　　④ 액화

정답 ③

해설 승화란 고체에서 액체단계를 거치지 않고 바로 기

체로 변하는 현상을 말한다.

22 버터의 수분함량이 23%라면, 버터 20g은 몇 칼로리(kcal) 정도의 열량을 내는가?

① 61.6kcal
② 138.6kcal
③ 153.6kcal
④ 180.0kcal

정답 ②

해설 버터의 수분함량이 23%이므로 지방함량은 77%이다.
20×0.77=15.4
지방은 1g당 9kcal이므로 15.4×9=138.6

23 식품의 응고제로 쓰이는 수산물 가공품은?

① 젤라틴
② 셀룰로오스
③ 한천
④ 펙틴

정답 ③

해설 한천은 응고력이 강하고 잘 부패하지 않기 때문에 식품의 응고제로 쓰인다.

24 시장조사의 원칙이 아닌 것은?

① 비용 경제성의 원칙
② 조사 적시성의 원칙
③ 조사 탄력성의 원칙
④ 조사 개량성의 원칙

정답 ④

해설 시장조사의 원칙 : 비용경제성의 원칙, 조사 적시성의 원칙, 조사 탄력성의 원칙, 조사 계획성의 원칙, 조사 정확성의 원칙

25 식품의 수분활성도를 바르게 설명한 것은?

① 임의의 온도에서 식품이 나타내는 수증기압에 대한 같은 온도에 있어서 순수한 물의 수증기압의 비율
② 임의의 온도에서 식품이 나타내는 수증기압
③ 임의의 온도에서 식품의 수분함량
④ 임의의 온도에서 식품과 물량의 순수한 물의 최대 수증기압

정답 ①

26 습열조리법이 아닌 것은 무엇인가?

① 끓이기와 삶기
② 튀기기
③ 찌기
④ 조림

정답 ②

27 다음 중 구이조리 방법이 아닌 것은?

① 그리들링(gridling)
② 그릴링(grilling)
③ 브로일링(broilling)
④ 딥팻프라잉(deep fat frying)

정답 ④

28 김치류의 신맛 성분이 아닌 것은?

① 초산(acetic acid)

② 호박산(succinic acid)

③ 젖산(lactic acid)

④ 수산(oxalic acid)

정답 ④

해설 수산은 무색으로 시금치에 많이 함유되어 있다.

29 아미노 카르보닐 반응에 대한 설명 중 **틀린** 것은?

① 마이야르반응(Maillard reaction)이라고도 한다.

② 당의 카르보닐 화합물과 단백질 등의 아미노기가 관여하는 반응이다.

③ 갈색 색소인 캐러멜을 형성하는 반응이다.

④ 비효소적 갈변반응이다.

정답 ③

30 우유 가공품이 **아닌** 것은?

① 마요네즈 　　　　② 버터

③ 아이스크림 　　　④ 치즈

정답 ①

해설 마요네즈는 달걀의 가공품으로 난황에 유지를 첨가하며 만드는 유화식품이다.

31 춘장을 볶는 이유는 무엇인가?

① 단맛이 나게 하기 위해

② 짠맛을 제거하기 위해

③ 떫은맛을 제거하기 위해

④ 색을 진하게 하기 위해

정답 ③

32 버터 대용품으로 생산되고 있는 식물성 유지는?

① 쇼트닝 　　　　　② 마가린

③ 마요네즈 　　　　④ 땅콩버터

정답 ②

해설 마가린은 버터의 대용품으로 식물성 유지를 수소로 경화시켜 만든다.

33 식단 작성 시 필요한 사항과 가장 거리가 **먼** 것은?

① 식품 구입방법

② 영양 기준량 산출

③ 3식 영양량 배분 결정

④ 음식수의 계획

정답 ①

해설 식단 작성 시 사항은 영양기준량 산출, 섭취기준량 산출, 3식 배분, 음식의 가짓수와 요리명 결정, 식단의 주기결정, 식단표작성 배분계획 등이다.

34 생선을 후라이팬이나 석쇠에 구울 때 들러붙지 않도록 하는 방법으로 옳지 **않은** 것은?

① 낮은 온도에서 서서히 굽는다.

② 기구의 금속면을 테프론(teflon)으로 처리한 것을 사용한다.

③ 기구의 표면에 기름을 칠하여 막을 만들

어 준다.

④ 기구를 먼저 달구어서 사용한다.

정답 ①

해설 낮은 온도에서 구울 경우 단백질의 용출로 인해 달라붙게 된다.

35 매운맛을 내는 성분의 연결이 옳은 것은?

① 겨자 – 캡사이신(capsaicin)

② 생강 – 호박산(succinic acid)

③ 마늘 – 알리신(allicin)

④ 고추 – 진저롤(finferol)

정답 ③

해설 매운맛 성분 : 겨자(시니그린), 생강(쇼가올, 진저론), 고추(캡사이신), 마늘(알리신)

36 펙틴과 산이 적어 잼 제조에 가장 **부적합한** 과일은?

① 사과

② 배

③ 포도

④ 딸기

정답 ②

해설 배는 펙틴함량이 부족하여 잼 제조에 적합하지 않다.

37 나무 등을 태운 연기에 훈제한 육가공품이 **아닌** 것은?

① 육포

② 베이컨

③ 햄

④ 소시지

정답 ①

해설 육포는 건조법으로 만들어진다.

38 다음 중 유화의 형태가 나머지 셋과 **다른** 것은?

① 우유

② 버터

③ 마요네즈

④ 아이스크림

정답 ②

39 조리대 배치형태 중 환풍기와 후드의 수를 최소화할 수 있는 것은?

① 일렬형

② 병렬형

③ ㄷ자형

④ 아일랜드형

정답 ④

해설 가열대, 개수대가 독립된 형태로 설치되어 있는 아일랜드형은 조리기구를 한곳에 모아두었기 때문에 환기장치의 수를 최소화할 수 있다.

40 다음 중 황(S)이 들어 있지 **않은** 식품은?

① 대파

② 마늘

③ 양파

④ 당근

정답 ④

41 중국조리에서 가장 많이 사용되는 방법으로 가열시간이 짧아 영양소의 손실이 적고 재료와 조미료의 복합적인 맛을 낼 수 있는 조리법은?

① 차오

② 빠오

③ 리우   ④ 자

정답 ①

해설 빠오 : 여러 모양으로 썬 재료들을 센 불에서 빠른 속도로 볶아내는 조리방법이다. 재료 원래의 맛이 살아있고 아삭아삭한 질감을 살리는 데 적당하다.
리우 : 재료를 튀기거나 삶아서 걸쭉한 소스를 만들어 재료 위에 끼얹었거나 또는 조리한 재료를 소스에 버무려 내는 조리법이다.
짜 : 다량의 뜨거운 기름에 재료를 넣어 튀겨낸다.

42 냉채조리의 특징이 <u>아닌</u> 것은?

① 소화가 잘 되게 구성해야 한다.
② 냉채는 10℃ 정도일 때가 좋다.
③ 신선하고 부드러우며 향이 있고 국물이 없어야 한다.
④ 다음에 나오는 요리에 궁금증을 가지게 한다.

정답 ②

해설 냉채는 4℃ 정도일 때가 좋다.

43 원가의 구성으로 옳은 것은?

① 판매가격 = 이익 + 제조원가
② 직접원가 = 직접재료비 + 직접노무비 + 직접경비
③ 총원가 = 제조간접비 + 직접원가
④ 제조원가 = 판매경비 + 일반관리비 + 제조간접비

정답 ②

해설 ① 직접원가 = 직접경비+직접노무비+직접재료비
② 제조원가 = 직접원가+제조간접비
③ 총원가 = 제조원가+판매관리비

④ 판매가격 = 이익+총원가

44 조림 조리과정 중 마지막 단계의 조리는 무엇인가?

① 식재료를 손질하여 먼저 할 것과 나중에 할 것을 분리한다.
② 물과 기름을 이용하여 데치거나 익힌다.
③ 조림에 따라 양념이나 향신료를 이용한다.
④ 녹말로 농도를 조절한다.

정답 ④

45 다음은 간장의 재고 대상이다. 간장의 재고가 10병일 때 선입선출법에 의한 간장의 재고자산은 얼마인가?

입고일자	수량	단가
5일	5병	3500
12일	10병	3500
20일	7병	3000
27일	5병	3500

① 30,000원   ② 31,500원
③ 32,500원   ④ 35,000원

정답 ③

해설 선입선출법은 먼저 들어온 것을 먼저 소비하는 방법으로
27일 5×3,500 = 17,500원
20일 5×3,000 = 15,000원
총 32,500원이다.

46 아이스크림을 만들 때 굵은 얼음 결정이 형성되는 것을 막아 부드러운 질감을 갖게 하는 것은?

① 설탕 ② 달걀

③ 젤라틴 ④ 지방

정답 ③

47 셀프서비스(self service) 배식형태로 가장 거리가 먼 것은?

① 카페테리아(cafeteria)

② 자동판매기(vending machine)

③ 카운터 서비스(counter service)

④ 뷔페 서비스(buffet service)

정답 ③

해설 카운터 서비스는 종업원이 주문부터 배식까지 맡아서 하는 서비스로 셀프서비스가 아니다.

48 칼슘의 흡수를 방해하는 인자는?

① 유당 ② 단백질

③ 비타민 C ④ 옥살산

정답 ④

해설 옥살산(수산)은 칼슘 흡수를 방해하고 칼슘과 결합하여 결석을 형성한다.

49 달걀의 열응고성을 이용한 것은?

① 마요네즈

② 엔젤 케이크

③ 커스터드

④ 스펀지 케이크

정답 ③

해설 커스터드는 달걀의 열응고성을 이용한 제품이며 케이크는 흰자의 기포성을 이용한 식품이다.

50 흰색 채소의 경우 흰색을 그대로 유지할 수 있는 방법으로 옳은 것은?

① 채소를 데친 후 곧바로 찬물에 담가둔다.

② 약간의 식초를 넣어 삶는다.

③ 채소를 물에 담가두었다가 삶는다.

④ 약간의 중조를 넣어 삶는다.

정답 ②

해설 플라보노이드계 색소는 산성에서 백색을 띠게 되므로 식초를 넣어 삶으면 색을 유지할 수 있다.

51 순화독소(toxoid)를 사용하는 예방접종으로 면역이 되는 질병은?

① 파상풍 ② 콜레라

③ 폴리오 ④ 백일해

정답 ①

해설 콜레라, 백일해는 사균 백신을, 폴리오는 생균백신을 사용한다.

52 환경위생을 철저히 함으로써 예방 가능한 감염병은?

① 콜레라 ② 풍진

③ 백일해 ④ 홍역

정답 ①

53 대회향이라고도 하고 방향이 강해 음식의 향을 돋우며 오래 끓이거나 재우는 요리에 쓰는 향신료는 무엇인가?

① 고수　　　　　② 팔각

③ 산초　　　　　④ 진피

정답 ②

해설 고수 : 비타민 A나 Fe, Ca을 함유하고 있고 내장이나 고기 누린내를 없앤다.
산초 : 날것은 아린맛이 나므로 볶아서 향을 낸다. 육류, 내장요리, 생선요리에 사용
진피 : 비타민이 풍부하고 요리의 향을 증진시키며 비린 맛이나 느끼함을 없앤다.

54 바다에서 잡히는 어류를 먹고 기생충증에 걸렸다면 이와 가장 관계 깊은 기생충은?

① 아니사키스충　　② 유규조충

③ 동양모양선충　　④ 선모충

정답 ①

해설 아니사키스충은 어패류에서 감염되는 기생충으로 바다갑각류, 해산어류, 오징어 등에서 감염된다.

55 중식 장식조각 재료 중 가장 많이 사용하고 색을 들여서 사용할 수 있는 재료는?

① 당근　　　　　② 청경채

③ 오이　　　　　④ 무

정답 ④

해설 다양한 모양을 낼 수 있다. 새, 꽃 등 모양내기

56 병원체가 바이러스인 질병은?

① 장티푸스　　　② 결핵

③ 유행성 간염　　④ 발진열

정답 ③

해설 병원체가 바이러스인 질병은 유행성 간염으로 소화기계 침입에 의해 감염된다.

57 생활쓰레기 소각 시 나오는 유해물질은?

① 다이옥신　　　② 메탄올

③ 일산화탄소　　④ 메탄가스

정답 ①

58 냉채 재료 손질이 바른 것은?

① 패주는 질긴 부분을 도려내고 결대로 썰어 사용한다.

② 오이는 소금으로 문질러 씻은 후 용도에 맞게 잘라 사용한다.

③ 송화단은 찜기에 뚜껑을 닫고 중간 불에서 찐 후 껍질을 제거하고 사용한다.

④ 오징어는 껍질을 제거하고 바깥쪽에 칼집을 넣어 사용한다.

정답 ②

해설 패주 : 질긴 부분을 도려내고 결 반대로 썰어 사용한다.
송화단 : 찜기에 뚜껑을 조금 열고 중간 불에서 찐 후 껍질을 제거하고 사용한다.

오징어 : 껍질을 제거하고 안쪽에 칼집을 넣어 사용한다.

59 카드뮴 만성중독의 주요 3대 증상이 <u>아닌</u> 것은?

① 빈혈　　　　　② 폐기종

③ 신장 기능장애　④ 단백뇨

정답 ①

해설 카드뮴 중독의 증상으로는 신장 기능장애, 폐기종, 단백뇨가 있다.

60 면의 종류 중 국수 반죽을 양쪽으로 당기고 늘려 여러 가닥으로 만드는 수타면은 무엇인가?

① 압면　　　　　② 절면

③ 납면　　　　　④ 소면

정답 ③

해설 압면 : 구멍이 뚫린 틀에 반죽을 넣어 국수를 밀어 내고 끓는 물에 삶아서 만드는 국수 – 한국 냉면, 중국 당면, 이탈리아 파스타
절면 : 손으로 만든 반죽을 밀대로 밀어 얇게 한 다음 칼로 썰어 만드는 국수 – 한국 칼국수, 일본 우동, 소바
소면 : 반죽을 길게 늘려 막대기에 면을 감은 후 가늘게 만드는 국수 – 한국·일본 소면, 중국 선면

중식 기출문제

01 우리나라에서 허가된 발색제가 **아닌** 것은?

① 아질산나트륨   ② 황산제일철

③ 질산칼륨   ④ 아질산칼륨

정답 ④

해설 아질산나트륨은 현재 우리나라에서 허용된 육류 발색제이다.

02 다환방향족 탄화수소이며, 훈제육이나 태운 고기에서 다량 검출되는 발암작용을 일으키는 것은?

① 질산염   ② 알코올

③ 벤조피렌   ④ 포름알데히드

정답 ③

03 주류 발효 시 생성되는 메탄올의 가장 심각한 중독 증상은?

① 구토   ② 경기

③ 실명   ④ 환각

정답 ③

해설 메탄올은 메틸알코올이며 발효 시 펙틴이 존재할 때 생성되는 물질. 과실주에 함유되어 있으며 구토, 복통, 설사를 유발. 심하면 실명한다.

04 식품의 변질현상에 대한 설명 중 **틀린** 것은?

① 통조림 식품의 부패에 관여하는 세균에는 내열성인 것이 많다.

② 우유의 부패 시 세균류가 관계하여 적변을 일으키기도 한다.

③ 식품의 부패에는 대부분 한 종류의 세균이 관계한다.

④ 가금육은 주로 저온성 세균이 주된 부패균이다.

정답 ③

해설 식품의 부패에 관계되어 있는 세균의 종류는 매우 다양하다.

05 개인복장 착용기준 중 연결이 바르지 **않은** 것은?

① 두발 – 항상 단정하게 묶어 뒤로 넘기고 두건 안으로 넣는다.

② 화장 – 진한 화장이나 향수 등을 쓰지 않는다.

③ 유니폼 – 세탁된 청결한 유니폼을 착용한다.

④ 장신구 – 귀걸이, 목걸이, 반지 등의 착용

을 금하고 손목시계는 시간을 확인하기 위해 착용 가능하다.

정답 ④

해설 작업장에 입실 전 장신구는 손목시계를 포함하여 개인용품의 반입을 금한다.

---

06 독소형 세균성 식중독으로 짝지어진 것은?

① 살모넬라 식중독, 장염 비브리오 식중독
② 리스테리아 식중독, 복어독 식중독
③ 황색포도상구균 식중독, 클로스트리디움 보툴리늄균 식중독
④ 맥각독 식중독, 콜레라균식중독

정답 ③

해설 독소형 식중독의 종류로는 황색포도상구균 식중독, 클로스트리디움 보툴리눔균 식중독이 있다.

---

07 콩과 누에콩을 섞어 발효시킨 것에 빨간 고추, 소금 등의 향신료를 섞어 만든 소스는 무엇인가?

① 노두유   ② 해선장
③ 두반장   ④ 굴소스

정답 ③

해설 노두유 : 노추 또는 노두유(老豆油)는 중국 요리에 쓰이는 조미료로, 단맛이 강하고 향이 진하며 식욕을 돋우는 데 쓰인다. 요리의 색을 먹음직스럽게 하기도 한다.
해선장 : 물, 설탕, 콩, 식초, 쌀, 소금, 밀가루, 마늘, 고추, 그리고 약간의 식용색소를 이용하여 만든다.
굴소스 : 신선한 생굴을 소금에 절여서 발효시킨

뒤 나오는 국물을 따라내서 밀가루, 전분 등을 넣어 걸쭉하게 만든 조미료이다.

---

08 식품취급자의 화농성 질환에 의해 감염되는 식중독은?

① 살모넬라 식중독
② 황색포도상구균 식중독
③ 장염비브리오 식중독
④ 병원성대장균 식중독

정답 ②

해설 황색포도상구균 식중독은 식품취급자의 화농성질환, 균에 오염된 유가공품에 의해 감염된다.

---

09 과실류, 채소류 등 식품의 살균목적으로 사용되는 것은?

① 초산비닐수지(polyvinyl acetate)
② 이산화염소(chlorine dioxide)
③ 규소수지(silicone resin)
④ 차아염소산나트륨(sodium hypochlorite)

정답 ④

해설 과실류, 채소류 등 식품의 살균목적으로 사용되는 것은 차아염소산나트륨으로 과일, 채소, 식기, 음료수 등의 소독에 사용된다.

---

10 다음 중 내인성 위해 식품은?

① 지나치게 구운 생선
② 푸른곰팡이에 오염된 쌀
③ 싹이 튼 감자
④ 농약을 많이 뿌린 채소

내인성이란 생물체나 조직 또는 세포 내에서 유래된 물질을 이르는 말로 감자의 세포변화로 싹이 튼 감자를 내인성 위해 식품이라 한다.

하고 조리하기 쉽게 하고, 식재료의 표면적을 증가시켜 열전달이 용이하게 하며, 먹지 못하는 부분을 없애고 소화가 잘되게 한다. 또 조미료의 침투를 좋게 한다.

11 식품위생법상 허위표시, 과대광고의 범위에 해당하지 않는 것은?

① 국내산을 주된 원료로 하여 제조, 가공한 메주, 된장, 고추장에 대하여 식품영양학적으로 공인된 사실이라고 식품의약품안전처장이 인정한 내용의 표시, 광고

② 질병치료에 효능이 있다는 내용의 표시, 광고

③ 외국과 기술 제휴한 것으로 혼동할 우려가 있는 내용의 표시, 광고

④ 화학적 합성품의 경우 그 원료의 명칭 등을 사용하여 화학적 합성품이 아닌 것으로 혼동할 우려가 있는 광고

12 다음 중 썰기의 목적이 아닌 것은?

① 식품의 영양성을 높여준다.

② 식재료의 표면적을 증가시켜 열전달이 용이하게 한다.

③ 먹지 못하는 부분을 없애고 소화가 잘되게 한다.

④ 조미료의 침투를 좋게 한다.

썰기의 목적은 목적에 맞게 모양과 크기를 조절

13 식품위생법상에서 정의하는 "집단급식소"에 대한 정의로 옳은 것은?

① 영리를 목적으로 하는 모든 급식시설을 일컫는 용어이다.

② 영리를 목적으로 하지 않고 비정기적으로 1개월에 1회씩 음식물을 공급하는 급식시설도 포함된다.

③ 영리를 목적으로 하지 아니하면서 특정 다수인에게 계속하여 음식을 공급하는 급식시설을 말한다.

④ 영리를 목적으로 하지 않고 계속적으로 불특정 다수인에게 음식물을 공급하는 급식시설을 말한다.

14 식품위생법상 식품위생감시원의 직무가 아닌 것은?

① 영업소의 폐쇄를 위한 간판 제거 등의 조치

② 영업의 건전한 발전과 공동의 이익을 도모하는 조치

③ 영업자 및 종업원의 건강진단 및 위생교육의 이행 여부의 확인, 지도

④ 조리사 및 영양사의 법령 준수사항 이행여부 확인, 지도

정답 ②

15 식품위생법상 영업신고를 하지 않는 업종은?

① 즉석판매제조, 가공업

② 양곡관리법에 따른 양곡가공업 중 도정업

③ 식품운반업

④ 식품소분, 판매업

정답 ②

해설 식품위생법상 영업신고를 하지 않는 업종은 양곡관리법에 따른 양곡가공업 중 도정업이다.

16 마이야르(Maillard)반응에 영향을 주는 인자가 아닌 것은?

① 수분　　　　② 온도

③ 당의 종류　　④ 효소

정답 ④

17 중국의 4대 요리가 아닌 것은?

① 사천요리　　② 북경요리

③ 청도요리　　④ 상해요리

정답 ③

해설 중국의 4대요리 : 사천요리, 북경요리, 상해요리, 광동요리

18 다음 중 음식을 담을 때 주의할 점이 아닌 것을 고르시오.

① 접시의 내원을 벗어나지 않게 담는다.

② 소스 사용 시 음식이 흐트러지지 않게 담는다.

③ 고명은 보기 좋게 과하게 올리고, 투박하게 담는다.

④ 획일적이지 않으면서 질서와 간격을 두고 담는다.

정답 ③

해설 음식을 담을 때는 과한 고명은 피하고, 깔끔하게 담는다.

19 채소와 과일의 가스저장(CA저장) 시 필수 요건이 아닌 것은?

① pH 조절　　　② 기체의 조절

③ 냉장온도 유지　④ 습도유지

정답 ①

해설 채소와 과일의 가스저장 시 필수 요건은 기체의 조절, 습도유지, 냉장온도 유지 등이다.

20 단백질에 관한 설명 중 옳은 것은?

① 인단백질은 단순단백질에 인산이 결합한 단백질이다.

② 지단백질은 단순단백질에 당이 결합한 단백질이다.

③ 당단백질은 단순단백질에 지방이 결합한 단백질이다.

④ 핵단백질은 단순단백질 또는 복합단백질

이 화학적 또는 산소에 의해 변화된 단백질이다.

정답 ①

---

21 한천의 용도가 아닌 것은?

① 훈연제품의 산화방지제

② 푸딩, 양갱 등의 젤화제

③ 유제품, 청량음료 등의 안정제

④ 곰팡이, 세균 등의 배지

정답 ①

---

22 식품의 수분활성도(Aw)에 대한 설명으로 틀린 것은?

① 식품이 나타내는 수증기압과 순수한 물의 수증기압의 비율을 말한다.

② 일반적인 식품의 Aw 값은 1보다 크다.

③ Aw의 값이 작을수록 미생물의 이용이 쉽지 않다.

④ 어패류의 Aw는 0.99~0.98 정도이다.

정답 ②

해설 일반적인 식품의 Aw 값은 1보다 작다.

---

23 장기간의 식품보존방법과 가장 관계가 먼 것은?

① 배건법 ② 염장법

③ 산저장법(초지법) ④ 냉장법

정답 ④

해설 배건법, 염장법, 산저장법, 당장법 등은 식품의 장기간 식품 보존방법에 해당한다.

---

24 콩 단백질인 글로불린(globulin)을 가장 많이 함유한 성분은?

① 글리시닌(glycinin) ② 알부민(albumin)

③ 글루텐(gluten) ④ 제인(zein)

정답 ①

해설 글리시닌은 글로불린의 성분으로 콩단백질의 일종이다.

---

25 라면류, 건빵류, 비스킷 등은 상온에서 비교적 장시간 저장해 두어도 노화가 잘 일어나지 않는 주된 이유는?

① 낮은 수분함량 ② 낮은 pH

③ 높은 수분함량 ④ 높은 pH

정답 ①

---

26 식중독 환자를 진단한 의사 또는 한의사가 지체 없이 보고해야 하는 대상은?

① 관할 특별자치시장 · 시장 · 군수 · 구청장

② 관할 보건소장

③ 식품의약품안전처장

④ 보건복지부장관

정답 ①

27 유지의 발연점에 영향을 주는 인자와 거리가 먼 것은?

① 용해도
② 유리지방산의 함량
③ 노출된 유지의 표면적
④ 불순물의 함량

정답 ①

해설 유지의 발연점에 영향을 주는 인자에는 유리지방산의 함량, 노출된 유지의 표면적, 불순물의 함량 등이 있다.

28 다음 당류 중 단맛이 가장 <u>약한</u> 것은?

① 포도당 　　② 과당
③ 맥아당 　　④ 설탕

정답 ③

해설 단맛의 감미도는 과당 > 전화당 > 자당(설탕) >포도당 > 맥아당 > 갈락토오스 > 유당(젖당)

29 다음 쇠고기 성분 중 일반적으로 살코기에 비해 간이나 내장에 특히 더 많은 것은?

① 비타민 A, 무기질 　　② 단백질, 전분
③ 섬유소, 비타민 C 　　④ 전분, 비타민 A

정답 ①

해설 비타민 A, 무기질은 쇠고기 성분 중 일반적으로 살코기에 비해 간이나 내장에 특히 더 많다.

30 오징어 먹물색소의 주 색소는?

① 안토잔틴 　　② 클로로필
③ 유멜라닌 　　④ 플라보노이드

정답 ③

해설 오징어 먹물색소의 주 색소는 유멜라닌이며 흑색을 띠는 멜라닌의 한 종류이다.

31 급식인원이 1000명인 단체급식소에서 1인당 60g의 풋고추조림을 주려고 한다. 발주할 풋고추의 양은? (단, 풋고추의 폐기율은 9%이다.)

① 55kg 　　② 60kg
③ 66kg 　　④ 68kg

정답 ③

해설
$$총\ 발주량 = \frac{정미중량}{100 - 폐기율(\%)} \times 100 \times 인원수$$

$$\frac{60}{100-9} \times 100 \times 1000 = 65,934\ 약\ 66kg$$

32 단체급식이 갖는 운영상의 문제점이 <u>아닌</u> 것은?

① 단시간 내에 다량의 음식조리
② 식중독 등 대형 위생사고
③ 대량구매로 인한 재고관리
④ 적온 급식의 어려움으로 음식의 맛 저하

정답 ③

해설 단체급식이 갖는 운영상의 문제점은 단시간 내에 다량의 음식조리, 식중독 등 대형 위생사고. 적온 급식의 어려움으로 음식의 맛 저하 등이 있다.

33 완두콩을 조리할 때 정량의 황산구리를 첨가하면 특히 어떤 효과가 있는가?

① 비타민이 보강된다.

② 무기질이 보강된다.

③ 냄새를 보유할 수 있다.

④ 녹색을 보유할 수 있다.

정답 ④

해설 황산구리는 식품가공 시 녹색을 유지한다.

34 신선한 달걀의 감별법 중 틀린 것은?

① 햇빛(전등)에 비출 때 공기집의 크기가 작다.

② 흔들 때 내용물이 흔들리지 않는다.

③ 6% 소금물에 넣어서 떠오른다.

④ 깨뜨려 접시에 놓으면 노른자가 볼록하고 흰자의 점도가 높다.

정답 ③

해설 신선한 달걀은 기실이 적고 내용물이 흔들리지 않는다. 또 6% 소금물에 넣어서 떠오르지 않으며 접시에 깨뜨려 놓으면 노른자가 볼록하고 흰자의 점도가 높다.

35 다음 중 계량방법이 바른 것은?

① 마가린을 잴 때는 실온일 때 계량컵에 꼭꼭 눌러 담고, 직선으로 된 칼이나 spatula로 깎아 계량한다.

② 밀가루를 잴 때는 측정 직전에 체로 친 뒤 눌러서 담아 직선 spatula로 깎아 측정한다.

③ 흑설탕을 측정할 때는 체로 친 뒤 누르지 말고 가만히 수북하게 담고 직선 spatula로 깎아 측정한다.

④ 쇼트닝을 계량할 때는 냉장온도에서 계량컵에 꼭 눌러 담은 뒤, 직선 spatula로 깎아 측정한다.

정답 ①

해설 밀가루를 계량할 때 체로 친 뒤 누르지 말고 담아 직선 spatula로 깎아 측정한다.
흑설탕을 측정할 때는 계량컵에 꼭꼭 눌러 담고 spatula로 깎아 측정한다.

36 육류, 생선류, 알류 및 콩류에 함유된 주된 영양소는?

① 단백질　　　　　② 탄수화물

③ 지방　　　　　　④ 비타민

정답 ①

해설 육류, 생선류, 알류 및 콩류에 함유된 주된 영양소는 단백질이다.

37 다음 중 단백질 변성으로 일어난 식품의 변화가 아닌 것은?

① 딸기잼　　　　　② 냉동반죽

③ 달걀머랭　　　　④ 달걀 삶기

정답 ①

38 난백으로 거품을 만들 때의 설명으로 옳은 것은?

① 레몬즙을 1~2방울 떨어뜨리면 거품 형성을 용이하게 한다.
② 지방은 거품 형성을 용이하게 한다.
③ 난백에 소금을 처음부터 첨가하면 거품의 안정성에 도움을 준다.
④ 묽은 달걀보다 신선란이 거품 형성을 용이하게 한다.

정답 ①

해설 난백으로 거품을 만들 때 산(레몬즙)을 첨가하면 기포 형성에 도움을 준다.

39 다음 중 간장의 지미성분은?

① 포도당(glucose)
② 전분(starch)
③ 글루탐산(glutamic acid)
④ 아스코르브산(ascorbic acid)

정답 ③

해설 간장의 지미(맛난)성분은 글루탐산이며 간장, 다시마, 된장 등에 함유되어 있다.

40 홍조류에 속하며 무기질이 골고루 함유되어 있고 단백질도 많이 함유된 해조류는?

① 김
② 미역
③ 파래
④ 다시마

정답 ①

해설 홍조류에 속하는 해조류에는 김, 우뭇가사리 등

이 있다.

41 식품의 구매방법으로 필요한 품목, 수량을 표시하여 업자에게 견적서를 제출받고 품질이나 가격을 검토한 후 낙찰자를 정하여 계약을 체결하는 것은?

① 수의계약
② 경쟁입찰
③ 대량구매
④ 계약구입

정답 ②

42 진씨성을 가진 아주머니가 만든 요리로 재료를 잘게 다진 매운 사천요리는 무엇인가?

① 짜춘권
② 마파더후
③ 홍쇼더후
④ 난자완스

정답 ②

43 우유에 산을 넣으면 응고물이 생기는데 이 응고물의 주체는?

① 유당
② 레닌
③ 카제인
④ 유지방

정답 ③

해설 우유에 산을 넣으면 응고물이 생기는데 이 응고물은 카제인이라고 하는 단백질이다.

44 다음 중식 조리 중 조림 조리는 무엇인가?

① 마파두부
② 라조기

③ 경장육사　　④ 난자완스

정답 ④

45 **육류 조리과정 중 색소의 변화 단계가 바르게 연결된 것은?**

① 미오글로빈 – 메트미오글로빈 – 옥시미오글로빈 – 헤마틴
② 메트미오글로빈 – 옥시미오글로빈 – 미오글로빈 – 헤마틴
③ 미오글로빈 – 옥시미오글로빈 – 메트미오글로빈 – 헤마틴
④ 옥시미오글로빈 – 메트미오글로빈 – 미오글로빈 – 헤마틴

정답 ③

해설 육류 조리과정 중 색소의 변화단계는 미오글로빈이 산소와 접촉하면 옥시미오글로빈으로 변하고 가열하면 메트미오글로빈으로 변한다.

46 **머랭을 만들고자 할 때 설탕 첨가는 어느 단계에 하는 것이 가장 효과적인가?**

① 처음 젓기 시작할 때
② 거품이 생기려고 할 때
③ 충분히 거품이 생겼을 때
④ 거품이 없어졌을 때

정답 ③

해설 머랭을 만들 때 설탕 첨가는 거품이 생겼을 때 넣어야 도움이 된다. 거품이 일어나기 전에 설탕을 넣으면 거품 생성에 방해를 한다.

47 **마요네즈를 만들 때 기름의 분리를 막아주는 것은?**

① 난황　　② 난백
③ 소금　　④ 식초

정답 ①

해설 마요네즈 속 난황의 레시틴은 천연유화제로서 기름과 물의 분리를 막아주는 역할을 한다.

48 **고체화한 지방을 여과 처리하는 방법으로 샐러드유 제조 시 이용되며, 유화상태를 유지하기 위한 가공 처리방법은?**

① 용출처리　　② 동유처리
③ 정제처리　　④ 경화처리

정답 ②

해설 동유처리란 고체화한 지방을 여과 처리하는 방법으로 샐러드유 제조 시 이용되며, 유화상태를 유지하기 위한 가공 처리방법이다.

49 **분말 소화기(축합식)의 압력게이지 바늘이 무슨 색 위치에 있어야 정상압력인가?**

① 노란색　　② 빨간색
③ 흰색　　④ 초록색

정답 ④

50 **다음 중 돼지고기에만 존재하는 부위명은?**

① 사태살　　② 갈매기살
③ 채끝살　　④ 안심살

정답 ②

51 상수도와 관계된 보건 문제가 <u>아닌</u> 것은?

① 수도열   ② 반상치

③ 레이노드병   ④ 수인성 감염병

정답 ③

해설 레이노이드병은 진동에 관련된 직업병의 종류이다.

52 규폐증과 관계가 <u>먼</u> 것은?

① 유리규산   ② 암석가공업

③ 골연화증   ④ 폐조직의 섬유화

정답 ③

해설 규폐증은 유리규산에 의해 발생되며 주로 암석 가공업과 같은 업종에 종사하는 사람들에게 증상이 나타난다. 주 증상은 폐조직의 섬유화이다.

53 감염병 관리상 환자의 격리를 요하지 <u>않는</u> 것은?

① 콜레라   ② 디프테리아

③ 파상풍   ④ 장티푸스

정답 ③

해설 파상풍은 상처부위에서 증식한 파상풍균이 신경세포에 작용하여 근육의 마비와 통증을 일으키는 감염성 질환으로 격리가 필요하지 않다.

54 ( ) 안에 차례대로 들어갈 알맞은 내용은?

> 생물화학적 산소요구량(BOD)은 일반적으로 ( )을 ( )에서 ( )간 안정화시키는 데 소비한 산소량을 말한다.

① 무기물질, 15℃, 5일

② 무기물질, 15℃, 7일

③ 유기물질, 20℃, 5일

④ 유기물질, 20℃, 7일

정답 ③

해설 생물화학적 산소요구량(BOD)은 일반적으로 유기물질을 20℃에서 5일간 안정화시키는 데 소비한 산소량을 말한다.

55 실내공기의 오염지표로 사용되는 것은?

① 일산화탄소   ② 이산화탄소

③ 질소   ④ 오존

정답 ②

56 수인성 감염병의 특징을 설명한 것 중 <u>틀린</u> 것은?

① 단시간에 다수의 환자가 발생한다.

② 환자의 발생은 그 급수지역과 관계가 깊다.

③ 발생률이 남녀노소, 성별, 연령별로 차이가 크다.

④ 콜레라, 장티푸스, 파라티푸스 등이 있다.

정답 ③

해설 수인성 감염병의 특징은 단시간에 다수의 환자가 발생하며, 환자의 발생은 급수지역과 관계가 깊고, 발생률이 남녀노소, 성별, 연령별로 차이가 없으며 콜레라, 장티푸스, 파라티푸스, 이질 등이 있다. 겨울보다는 여름에 많이 발생한다.

57 기생충과 인체감염원인 식품의 연결이 <u>틀린</u> 것은?

① 유구조충 – 돼지고기
② 무구조충 – 쇠고기
③ 동양모양선충 – 민물고기
④ 아니사키스 – 바다생선

정답 ③

해설 동양모양선충은 주로 절임채소류에서 많이 발견된다.

58 쇠고기를 돼지고기로 대체하려고 할 때 쇠고기 300g일 때 돼지고기 몇g으로 대체해야 하나?(단, 식품분석표상 단백질함량은 쇠고기 20g, 돼지고기 15g이다.)

① 200g   ② 360g
③ 400g   ④ 460g

정답 ③

해설 $\dfrac{\text{원래 식품의 양} \times \text{원래 식품의 해당성분의 수치}}{\text{대체하고자 하는 식품의 해당 성분의 수치}}$

$= \dfrac{300 \times 20}{15} = 400$

쇠고기 300g 대신 돼지고기 400g으로 대체한다.

59 기생충에 오염된 논, 밭에서 맨발로 작업할 때 감염될 수 있는 가능성이 가장 높은 것은?

① 간흡충   ② 폐흡충
③ 구충   ④ 광절열두조충

정답 ③

해설 구충은 경피침입이 가능한 기생충으로 오염된 논, 밭에서 맨발로 작업할 때 감염될 수 있다.

60 북경요리에 주로 사용하는 소스로 대두를 발효시켜 짠맛, 단맛, 고소한 향이 있는 소스는?

① 해선장   ② 노두유
③ XO소스   ④ 두반장

정답 ①

01 육류의 부패과정에서 pH가 약간 저하되었다가 다시 상승하는 데 관여하는 것은?

① 암모니아   ② 비타민

③ 글리코겐   ④ 지방

정답 ①

해설 육류의 부패는 미생물에 의해 일어나며 암모니아, 인돌, 페놀, 황화수소 등이 형성된다.

02 히스타민 함량이 많아 알레르기성 식중독을 일으키기 쉬운 어육은?

① 넙치   ② 대구

③ 가다랑어   ④ 도미

정답 ③

03 빵을 비롯한 밀가루제품에서 밀가루를 부풀게 하여 적당한 형태를 갖추게 하기 위해 사용되는 첨가물은?

① 팽창제   ② 유화제

③ 피막제   ④ 산화방지제

정답 ①

04 황색포도상구균에 의한 독소형 식중독과 관계되는 독소는?

① 장독소   ② 간독소

③ 혈독소   ④ 암독소

정답 ①

해설 식품중의 포도상구균은 증식하여 엔테로톡신(장독소)을 생산한다.

05 곰팡이에 의해 생성되는 독소가 아닌 것은?

① 아플라톡신   ② 시트리닌

③ 엔트로톡신   ④ 파툴린

정답 ③

06 열경화성 합성수지제 용기의 용출시험에서 가장 문제가 되는 유독물질은?

① 메탄올   ② 아질산염

③ 포름알데히드   ④ 연단

정답 ③

해설 포름알데히드는 자극성이 강한 냄새를 띤 기체로 인체에 대한 독성이 매우 강하다.

07 동물성 식품에서 유래하며 식중독을 유발하는 유독성분은?

① 아마니타톡신　② 솔라닌
③ 베네루핀　④ 시큐톡신

정답 ③

해설 동물성 식품에서 유래하는 식중독 유발 유독성분으로는 모시조개, 바지락, 굴에 들어 있는 베네루핀이다.

08 사용목적별 식품첨가물의 연결이 <u>틀린</u> 것은?

① 착색료 : 철클로로필린나트륨
② 소포제 : 초산비닐수지
③ 표백제 : 메타중아황산칼륨
④ 감미료 : 사카린나트륨

정답 ②

해설 소포제로는 규소수지가 사용된다.

09 밀가루의 노화 방지, 많이 넣을 경우 산소 차단으로 방부 역할을 하는 재료는?

① 설탕　② 소금
③ 베이킹파우더　④ 버터

정답 ①

10 노로바이러스로 인한 식중독을 예방하기 위한 방법으로 적합하지 <u>않은</u> 것은?

① 식중독 환자가 발생한 경우에는 2차 감염 및 확산 방지를 위하여 환자 분변·구토

물·화장실, 의류·식기 등은 염소 또는 열탕 소독하여야 한다.
② 지하수는 조리에 절대 사용을 금하며, 식기와 조리기구 세척에만 사용한다.
③ 음식은 85℃에서 1분 이상 가열·조리하고 조리한 음식은 맨손으로 만지지 않는다.
④ 가열하지 않은 조개, 굴 등의 섭취는 자제하여야 한다.

정답 ②

해설 노로바이러스는 오염된 지하수, 해수 등이 채소, 과일류, 패류, 해조류 등을 오염시켜 음식으로 감염될 수 있다.

11 식품 등의 표시기준에 의해 표시해야 하는 대상 성분이 <u>아닌</u> 것은?

① 나트륨　② 지방
③ 열량　④ 칼슘

정답 ④

해설 식품의 표시대상 성분은 열량, 탄수화물, 당류, 단백질, 지방, 콜레스테롤, 나트륨 등이다.

12 위생관리의 필요성과 관련이 <u>없는</u> 것은?

① 식중독사고의 예방
② 식품위생법 및 행정처분을 강화
③ 점포의 이미지 개선
④ 질병의 치료

정답 ④

해설 위생관리의 필요성은 식중독 위생사고 예방, 식품위생법 및 행정처분 강화, 상품의 가치 상승, 점포

의 이미지 개선, 고객 만족, 대외적 브랜드이미지 관리 등이 있다.

13 식품공정상 표준온도라 함은 몇 ℃인가?

① 5℃   ② 10℃

③ 15℃   ④ 20℃

정답 ④

해설 식품공정상 표준온도는 20℃, 상온은 15~25℃, 실온은 1~35℃, 미온은 30~40℃이다.

14 다음 영업 중 식품접객업이 <u>아닌</u> 것은?

① 보건복지부령이 정하는 식품을 제조, 가 공 업소 내에서 직접 최종소비자에게 판 매하는 영업

② 음식류를 조리, 판매하는 영업으로서 식 사와 함께 부수적으로 음주행위가 허용되 는 영업

③ 집단급식소를 설치, 운영하는 자와의 계약 에 의하여 그 집단급식소 내에서 음식류를 조리하여 제공하는 영업

④ 주로 주류를 판매하는 영업으로서 유흥종 사자를 두거나 유흥시설을 설치할 수 있 고 노래를 부르거나 춤을 추는 행위가 허 용되는 영업

정답 ①

해설 보건복지부령이 정하는 식품을 제조, 가공 업소 내에 서 직접 최종소비자에게 판매하는 영업은 즉석판매 제 조, 가공업에 해당하는 내용이다.

15 식품위생법상 조리사가 면허취소 처분을 받 은 경우 반납하여야 할 기간은?

① 지체 없이   ② 5일

③ 7일   ④ 15일

정답 ①

해설 조리사가 면허의 취소 처분을 받은 경우에는 지체 없이 면허증을 반납하여야 한다.

16 필수아미노산만으로 짝지어진 것은?

① 트립토판, 메티오닌

② 트립토판, 글리신

③ 라이신, 글루타민산

④ 루신, 알라닌

정답 ①

해설 필수아미노산은 트레오닌, 발린 , 메티오닌, 히스 티딘, 류신, 이소류신, 아르기닌, 리신, 트립토판, 페닐알라닌이 있다.

17 과실 주스에 설탕을 섞은 농축액 음료수는?

① 탄산음료   ② 스쿼시

③ 시럽   ④ 젤리

정답 ②

해설 스쿼시는 과실주스에 설탕을 넣은 농축음료이다.

18 신선한 생육의 환원형 미오글로빈이 공기와 접촉하면 분자상의 산소와 결합하여 옥시미오글로빈으로 되는데 이때의 색은?

① 어두운 적자색   ② 선명한 적색

③ 어두운 회갈색   ④ 선명한 회갈색

정답 ②

19 다음 물질 중 동물성 색소는?

① 클로로필   ② 플라보노이드

③ 헤모글로빈   ④ 안토잔틴

정답 ③

해설 헤모글로빈은 동물의 혈액에 존재하는 색소이다.

20 재난의 원인요소가 아닌 것을 고르시오.

① 인간(man)   ② 기계(machine)

③ 매체(media)   ④ 재료(material)

정답 ④

해설 재난의 원인요소는 인간(man), 기계(machine), 매체(media), 관리(management)이다.

21 감자는 껍질을 벗겨두면 색이 변화되는데 이를 막기 위한 방법은?

① 물에 담근다.

② 냉장고에 보관한다.

③ 믹서에 갈아둔다.

④ 공기 중에 방치한다.

정답 ①

해설 감자나 우엉은 물에 담그거나 진공처리를 하여 산소와의 접촉을 차단하면 색의 변화를 막을 수 있다.

22 다음 보기 내용의 ( ) 안에 알맞은 용어가 순서대로 나열된 것은?

> 당면과 감자, 고구마, 녹두가루에 첨가물을 혼합, 성형하여 ( )한 후 건조, 냉각하여 ( )시킨 것으로 반드시 열을 가해 ( )하여 먹는다.

① α화 − β화 − α화   ② α화 − α화 − β화

③ β화 − β화 − α화   ④ β화 − α화 − β화

정답 ①

23 대두에 관한 설명으로 틀린 것은?

① 콩 단백질의 주요 성분인 글리시닌은 글로불린에 속한다.

② 아미노산의 조성은 메티오닌, 시스테인이 많고 라이신, 트립토판이 적다.

③ 날콩에는 트립신 저해제가 함유되어 생식할 경우 단백질 효율을 저하시킨다.

④ 두유에 염화마그네슘이나 탄산칼슘을 첨가하여 단백질을 응고시킨 것이 두부이다.

정답 ②

해설 대두에는 라이신, 트립토판의 함량이 높고 메티오닌, 시스테인의 함량은 적다.

24 적자색 양배추를 채썰어 물에 장시간 담가두었더니 탈색되었다. 이 현상의 원인이 되는 색소와 그 성질을 바르게 연결한 것은?

① 안토시아닌계 색소 – 수용성

② 플라보노이드계 색소 – 지용성

③ 헴계 색소 – 수용성

④ 클로로필계 색소 – 지용성

정답 ①

25 다음 보기에서 설명하는 영양소는?

> 인체의 미량원소로 주로 갑상선 호르몬인 싸이록신과 트리아이오도싸이록신의 구성원소로 갑상선에 들어 있으며, 원소기호는 I 이다.

① 요오드　　　　② 철

③ 마그네슘　　　④ 셀레늄

정답 ①

26 냉채 조리 중 생으로 무치는 요리가 <u>아닌</u> 것은?

① 오향장육　　　② 해파리 냉채

③ 오징어 냉채　　④ 양장피 잡채

정답 ①

해설 오향장육은 팔각 등의 향신료를 넣고 장국물에 오래 조리는 음식이다. 깊은 맛이 나고 부드럽다.

27 박력분에 대한 설명 중 옳은 것은?

① 마카로니 제조에 쓰인다.

② 우동 제조에 쓰인다.

③ 단백질 함량이 9% 이하이다.

④ 글루텐의 탄력성과 점성이 강하다.

정답 ③

해설 박력분의 단백질 함량은 9% 이하이다.

28 돼지의 지방조직을 가공하여 만든 것은?

① 헤드치즈　　　② 라드

③ 젤라틴　　　　④ 쇼트닝

정답 ②

29 달걀을 삶은 직후 찬물에 넣어 식히면 노른자 주위 암녹색의 황화철이 적게 생기는데 그 이유는?

① 찬물이 스며들어가 황을 희석시키기 때문

② 황화수소가 난각을 통하여 외부로 발산되기 때문

③ 찬물이 스며들어가 철분을 희석하기 때문

④ 외부의 기압이 낮아 황과 철분이 외부로 빠져 나오기 때문

정답 ②

30 중식 면을 반죽하는 데 들어가지 <u>않는</u> 재료는?

① 박력분　　　　② 식용소다

③ 물　　　　　　④ 소금

정답 ①

해설 국수 반죽은 중력분 또는 다목적용 밀가루를 사용한다.

31 급식시설 종류별 단체급식의 목적으로 **틀린** 것은?

① 학교급식 – 심신의 건전한 발달과 올바른 식습관 형성
② 군대급식 – 체력 및 건강증진으로 체력단련 유도
③ 사회복지시설 – 작업능률을 높이고, 효과적인 생산성의 향상
④ 병원급식 – 환자상태에 따라 특별식을 급식하여 질병 치료나 증상 회복을 촉진

정답 ③
해설 작업능률을 높이고 효과적인 생산성의 향상을 목적으로 하는 것은 산업체 급식이다.

32 전자레인지의 주된 조리 원리는?

① 복사　　　　　② 전도
③ 대류　　　　　④ 초단파

정답 ④
해설 전자레인지는 전기에너지를 극초단파로 발생시켜 식품 내부에서 열을 발생시키는 원리이다.

33 달걀의 이용이 바르게 연결된 것은?

① 농후제 – 크로켓　　② 결합제 – 만두속
③ 팽창제 – 커스터드　④ 유화제 – 푸딩

정답 ②

34 달걀 삶기에 대한 설명 중 **틀린** 것은?

① 달걀을 완숙하려면 98~100℃의 온도에서 12분 정도 삶아야 한다.
② 삶은 달걀을 냉수에 즉시 담그면 부피가 수축하여 난각과의 공간이 생기므로 껍질이 잘 벗겨진다.
③ 달걀을 오래 삶으면 난황 주위에 생기는 황화수소는 녹색이며 이로 인해 녹변이 된다.
④ 달걀은 70℃ 이상의 온도에서 난황과 난백이 모두 응고한다.

정답 ③
해설 녹변현상은 난백의 황화수소가 난황의 철과 결합하여 황화철을 만들기 때문이다.

35 식품조리의 목적과 가장 거리가 **먼** 것은?

① 식품이 지니고 있는 영양소 손실을 최대한 적게 하기 위해
② 각 식품의 성분이 잘 조화되어 풍미를 돋우게 하기 위해
③ 외관상으로 식욕을 자극하기 위해
④ 질병을 예방하고 치료하기 위해

정답 ④

36 식품구입 시의 감별방법으로 **틀린** 것은?

① 육류가공품인 소시지의 색은 담홍색이며 탄력성이 없는 것

② 밀가루는 잘 건조되고 덩어리가 없으며 냄
　새가 없는 것

③ 감자는 굵고 상처가 없으며 발아되지 않
　은 것

④ 생선은 탄력이 있고 아가미는 선홍색이며
　눈알이 맑은 것

정답 ①

37 검수를 위한 설비 및 기구의 설명으로 바르
지 않은 것은?

① 검수구역은 540룩스 이상이어야 한다.

② 물품과 사람이 이동하기에 충분한 공간으
　로 설비 및 기기류를 배치하여야 한다.

③ 측량도구는 저울만 필요하다.

④ 로딩독(loading dock)이 설치되어 있어야
　한다.

정답 ③

해설 검수에 필요한 측량기구에는 저울, 계량컵, 온도
계(접촉식, 비접촉식), 계산기, 염도계, 당도계 등
이 있다.

38 과일이 숙성함에 따라 일어나는 성분변화가
아닌 것은?

① 과육은 점차로 연해진다.

② 엽록소가 분해되면서 푸른색은 옅어진다.

③ 비타민 C와 카로틴 함량이 증가한다.

④ 탄닌은 증가한다.

정답 ④

해설 과일이 숙성할수록, 탄닌은 감소한다.

39 마요네즈가 분리되는 경우가 아닌 것은?

① 기름의 양이 많았을 때

② 기름을 첨가하고 천천히 저어주었을 때

③ 기름의 온도가 너무 낮을 때

④ 신선한 마요네즈를 조금 첨가했을 때

정답 ④

해설 신선한 마요네즈를 조금 첨가하면 분리된 마요네
즈가 복구된다.

40 젤라틴을 사용하지 않는 것은?

① 양갱　　　　　② 아이스크림

③ 마시멜로우　　④ 족편

정답 ①

41 일반적으로 맛있게 지어진 밥은 쌀 무게의 약
몇 배 정도의 물을 흡수하는가?

① 1.2~1.4배　　② 2.2~2.4배

③ 3.2~4.4배　　④ 4.2~5.4배

정답 ①

42 미역에 대한 설명 중 틀린 것은?

① 탄수화물 대부분 난소화성이다.

② 단백질의 질이 낮다.

③ 칼슘함량이 많다.

④ 색소인 푸코잔틴(fucoxanthin)이 다량함유
되어 있다.

정답 ②

43 다음 식품 중 직접 가열하는 급속해동법이 많
이 이용되는 것은?

① 생선   ② 소고기

③ 냉동피자   ④ 닭고기

정답 ③

44 고추, 산초, 두반장 등 향신료를 많이 사용하여
매운요리가 특징인 지역은?

① 북경요리   ② 상해요리

③ 광동요리   ④ 사천요리

정답 ④

해설 사천요리의 대표음식은 마파두부, 어향육사, 가상
해삼, 궁보계정 등

45 식미에 긴장감을 주고 식욕을 증진시키며 살균
작용을 돕는 매운맛 성분의 연결이 <u>틀린</u> 것은?

① 마늘 – 알리신   ② 생강 – 진저롤

③ 산초 – 호박산   ④ 고추 – 캡사이신

정답 ③

해설 산초의 매운맛은 산쇼올이다.

46 닭튀김을 하였을 때 살코기 색이 분홍색을 나
타내는 것은?

① 변질된 닭이므로 먹지 못한다.

② 병에 걸린 닭이므로 먹어서는 안 된다.

③ 근육성분의 화학적 반응이므로 먹어도 된다.

④ 닭의 크기가 클수록 분홍색 변화가 심하다.

정답 ③

해설 근육성분의 화학반응 때문이며 어린 닭일수록 더
잘 나타난다.

47 오이피클 제조 시 오이의 녹색이 녹갈색으로
변하는 이유는?

① 클로로필리드가 생겨서

② 클로로필린이 생겨서

③ 페오피틴이 생겨서

④ 잔토필이 생겨서

정답 ③

48 냉동식품의 오염지표균은 무엇인가?

① 대장균   ② 살모넬라균

③ 장구균   ④ 비브리오균

정답 ③

49 재료를 사각형 마름모꼴로 써는 방법으로 용
도가 다양하며 많은 재료를 썰 때 사용하는 방
법은?

① 丁(띵)   ② 片(피이엔)

③ 絲(쓰)   ④ 條(티아오)

정답 ①

해설 丁(띵) : 사각형이나 마름모꼴로 재료를 네모나게 써는 방법으로 용도가 다양하여 많은 재료에 사용된다.
片(피이엔) : 재료를 칼로 얇게 써는 방법으로 육류, 어류, 표고버섯, 죽순 같은 채소를 써는 데 적합하다.
絲(쓰) : 가늘게 채 써는 것으로 육류, 채소, 어류 등을 길이 5cm 정도 두께는 0.3cm로 써는 것이 보통이다.
條(티아오) : 막대 모양으로 써는 방법

50 다음 자료에 의해서 총원가를 산출하면 얼마인가?

직접재료비 170000원	간접재료비 55000원
직접노무비 80000원	간접노무비 50000원
직접경비 5000원	간접경비 65000원
판매경비 5500원	일반관리비 10000원

① 425000원   ② 430500원

③ 435000원   ④ 440500원

정답 ④

해설 직접원가(직접재료비 + 직접노무비 + = 직접경비)+제조간접비(간접재료비+간접노무비+간접경비)+판매관리비=440,500

51 감염병과 주요한 감염경로의 연결이 <u>틀린</u> 것은?

① 공기 감염 – 폴리오

② 직접 접촉감염 – 성병

③ 비말 감염 – 홍역

④ 절지동물 매개 – 황열

정답 ①

해설 공기감염으로 전염되는 것은 결핵, 천연두, 인플루엔자 등이다.

52 인공능동면역에 의하여 면역력이 강하게 형성되는 감염병은?

① 이질   ② 말라리아

③ 폴리오   ④ 폐렴

정답 ③

해설 인공능동면역은 예방접종으로 얻은 면역으로 폴리오, 홍역, 결핵, 황열, 탄저 등이 있다.

53 하수처리방법 중에서 처리의 부산물로 메탄가스 발생이 많은 것은?

① 활성오니법   ② 살수여상법

③ 혐기성처리법   ④ 산화지법

정답 ③

해설 혐기성 분해처리는 혐기성 균이 무산소 상태에서 증식하여 유기물을 분해하는 과정에서 메탄 및 유기산, 이산화탄소를 생성한다.

54 곤충을 매개로 간접전파되는 감염병과 가장 거리가 <u>먼</u> 것은?

① 재귀열   ② 말라리아

③ 인플루엔자   ④ 쯔쯔가무시병

정답 ③

해설 인플루엔자는 비말감염이다.

55 DPT 예방접종과 관계 <u>없는</u> 감염병은?

① 페스트　　　② 디프테리아

③ 백일해　　　④ 파상풍

정답 ①

56 미생물에 대한 살균력이 가장 큰 것은?

① 적외선　　　② 가시광선

③ 자외선　　　④ 라디오파

정답 ③

57 군집독의 가장 큰 원인은?

① 실내 공기의 이화학적 조성의 변화 때문이다.

② 실내의 생물학적 변화 때문이다.

③ 실내공기 중 산소의 부족 때문이다.

④ 실내기온이 증가하여 너무 덥기 때문이다.

정답 ①

해설 군집독은 다수인이 밀집한 곳의 실내공기가 화학적 조성이나 물리적 조성의 변화로 인하여 불쾌감, 두통, 권태, 현기증, 구토 등의 생리적 이상을 일으키는 현상이다.

58 전분의 한 종류인 타피오카를 주재료로 모든 과일에 혼합하여 만든 찬 후식은 무엇인가?

① 무스　　　② 아이스크림

③ 시미로　　　④ 파이류

정답 ③

59 예방접종이 감염병 관리상 갖는 의미는?

① 병원소의 제거

② 감염원의 제거

③ 환경의 관리

④ 감수성 숙주의 관리

정답 ④

60 우리나라에서 사회보험에 해당되지 않는 것은?

① 생명보험　　　② 국민연금

③ 고용보험　　　④ 건강보험

정답 ①

해설 우리나라의 사회보험은 국민연금, 건강보험, 고용보험, 산재보험이다.

중식 기출문제

01 식품에 존재하는 유기물질을 고온으로 가열할 때 단백질이나 지방이 분해되어 생기는 유해물질은?

① 에틸카바메이트(ethylcarbamate)

② 다환방향족탄화수소(polycyclic aromatic hydrocarbon)

③ 엔-니트로소아민(N-nitrosoamine)

④ 메탄올(methanol)

정답 ②

해설 다환방향족탄화수소는 고기를 구울 때 생기는 물질로 미량으로도 암을 유발시킬 수 있다.

02 식품의 위생과 관련된 곰팡이의 특징이 **아닌** 것은?

① 건조식품을 잘 변질시킨다.

② 대부분 생육에 산소를 요구하는 절대 호기성 미생물이다.

③ 곰팡이독을 생성하는 것도 있다.

④ 일반적으로 생육 속도가 세균에 비하여 빠르다.

정답 ④

03 다음 중 대장균의 최적증식온도 범위는?

① 0~5℃   ② 5~10℃

③ 30~40℃   ④ 55~75℃

정답 ③

해설 대장균 최적증식온도는 37℃ 전후이며 수질오염의 지표균이다.

04 모든 미생물을 제거하여 무균상태로 하는 조작은?

① 소독   ② 살균

③ 멸균   ④ 정균

정답 ③

05 60℃에서 30분간 가열하면 식품 안전에 위해가 되지 **않는** 세균은?

① 살모넬라균

② 클로스트리디움 보툴리누스균

③ 황색포도상구균

④ 장구균

정답 ①

06 육류의 발색제로 사용되는 아질산염이 산성 조건에서 식품 성분과 반응하여 생성되는 발암성 물질은?

① 지질 과산화물(aldehyde)

② 벤조피렌(benzopyrene)

③ 니트로사민(nitrosamine)

④ 포름알데히드(formaldehyde)

정답 ③

해설 햄, 소시지 등의 가공 시 색을 유지하기 위하여 발색제를 첨가하는데 이렇게 첨가된 발색제인 질산염은 아질산으로 변화한 후 단백질 분해산물인 아민과 반응하여 니트로사민이라는 발암물질을 형성한다.

07 중식요리에서 녹말의 역할이 아닌 것은?

① 튀김요리 시 바삭함을 유지한다.

② 수분과 온도를 유지시킨다.

③ 수분과 기름을 어우러지게 융화시킨다.

④ 수분을 유지하여 오랫동안 음식이 상하지 않게 한다.

정답 ④

08 식품과 자연독의 연결이 맞는 것은?

① 독버섯—솔라닌(solanine)

② 감자—무스카린(muscarine)

③ 살구씨—파세오루나틴(phaseolunatin)

④ 목화씨—고시폴(gossypol)

정답 ④

09 식품첨가물 중 보존료의 목적을 가장 잘 표현한 것은?

① 산도 조절

② 미생물에 의한 부패 방지

③ 산화에 의한 변패 방지

④ 가공과정에서 파괴되는 영양소 보충

정답 ②

해설 보존료는 미생물의 발육을 억제하고 부패를 방지하여 신선도를 유지하는 데 목적이 있고 산미료는 산도조절, 산화방지제는 산화방지, 강화제는 식품에 부족한 영양소를 보충하는 것이다.

10 알레르기성 식중독을 유발하는 세균은?

① 병원성 대장균(E. coli 0157 : H7)

② 모르가넬라 모르가니(Morganella morganii)

③ 엔테로박터 사카자키(Enterobacter sakazakii)

④ 비브리오 콜레라(Vibrio cholerae)

정답 ②

11 식품위생법상 식품위생 수준의 향상을 위하여 필요한 경우 조리사에게 교육을 받을 것을 명할 수 있는 자는?

① 관할시장

② 보건복지부장관

③ 식품의약품안전처장

④ 관할 경찰서장

정답 ③

해설 식품의약품안전처장은 집단급식에 종사하는 영양사, 조리사에게 식품위생 수준 및 자질의 향상을 위하여 1년마다 교육을 받게 해야 한다.

12 식품위생법의 정의에 따른 "기구"에 해당하지 않는 것은?

① 식품 섭취에 사용되는 기구
② 식품 또는 식품첨가물에 직접 닿는 기구
③ 농산품 채취에 사용되는 기구
④ 식품 운반에 사용되는 기구

정답 ③

13 소금 절임 시 저장성이 좋아지는 이유는?

① pH가 낮아져 미생물이 살아갈 수 없는 환경이 조성된다.
② pH가 높아져 미생물이 살아갈 수 없는 환경이 조성된다.
③ 고삼투성에 의한 탈수효과로 미생물의 생육이 억제된다.
④ 저삼투성에 의한 탈수효과로 미생물의 생육이 억제된다.

정답 ③

해설 식품을 소금에 절일 때 수분은 농도가 낮은 곳에서 높은 곳으로 이동하게 된다.(고삼투성) 식품의 수분이 빠져나가 미생물 생육이 억제되므로 소금에 절이면 저장성이 높아진다.

14 어육연제품의 결착제로 사용되는 것은?

① 소금, 한천
② 설탕, MSG
③ 전분, 달걀
④ 솔비톨, 물

정답 ③

해설 결착제란 식육제품의 보수성과 결착력을 높이기 위해 사용하는 것으로 어육제품의 탄력을 부여하기 위해 사용되며 전분과 달걀이 대표적으로 사용된다.

15 식품위생법상 식품접객업 영업을 하려는 자는 몇 시간의 식품위생교육을 미리 받아야 하는가?

① 2시간
② 4시간
③ 6시간
④ 8시간

정답 ③

해설 식품접객업, 단체급식시설 설치, 운영하려는 자 : 6시간
식품운반업, 식품소분판매업, 식품보존업, 용기포장류제조업 : 4시간
식품제조가공업, 즉석판매제조가공업, 식품첨가물제조업 : 8시간

16 카제인(casein)은 어떤 단백질에 속하는가?

① 당단백질
② 지단백질
③ 유도단백질
④ 인단백질

정답 ④

17 전분 식품의 노화를 억제하는 방법으로 적합하지 **않은** 것은?

① 설탕을 첨가한다.

② 식품을 냉장 보관한다.

③ 식품의 수분함량을 15% 이하로 한다.

④ 유화제를 사용한다.

정답 ②

18 사회보장 제도 중 공공부조에 해당하는 것은?

① 고용보험　　　② 건강보험

③ 의료급여　　　④ 국민연금

정답 ③

해설 공공부조는 생활능력이 없는 국민에게 국가의 책임하에 공비부담으로 혜택을 주는 제도로, 의료급여는 경제적으로 생활이 곤란하여 의료비용을 지불하기 어려운 국민을 대상으로 국가가 대신하여 의료비용을 지불하는 공공부조의 하나이다.

19 유지를 가열할 때 생기는 변화에 대한 설명으로 **틀린** 것은?

① 유리지방산의 함량이 높아지므로 발연점이 낮아진다.

② 연기 성분으로 알데히드(aldehyde), 케톤(ketone) 등이 생성된다.

③ 요오드값이 높아진다.

④ 중합반응에 의해 점도가 증가된다.

정답 ③

해설 요오드가는 100g의 유지가 흡수하는 요오드의 g으로 유지를 오래 가열하면 요오드가가 낮아지고 산가와 과산화물가는 높아진다.

20 완두콩 통조림을 가열하여도 녹색이 유지되는 것은 어떤 색소 때문인가?

① chlorophyll(클로로필)

② Cu-chlorophyll(구리-클로로필)

③ Fe-chlorophyll(철-클로로필)

④ chlorophylline(클로로필린)

정답 ②

21 신맛 성분과 주요 소재 식품의 연결이 **틀린** 것은?

① 구연산(citric acid) - 감귤류

② 젖산(lactic acid) - 김치류

③ 호박산(succinic acid) - 늙은호박

④ 주석산(tartaric acid) - 포도

정답 ③

22 미생물의 생육에 필요한 수분활성도의 크기로 옳은 것은?

① 세균 〉효모 〉곰팡이

② 곰팡이 〉세균 〉효모

③ 효모 〉곰팡이 〉세균

④ 세균 〉곰팡이 〉효모

정답 ①

23 튀김의 특징이 아닌 것은?

① 고온 단시간 가열로 영양소의 손실이 적다.

② 기름의 맛이 더해져 맛이 좋아진다.

③ 표면이 바삭바삭해 입안에서의 촉감이 좋아진다.

④ 불미성분이 제거된다.

정답 ④

24 근채류 중 생식하는 것보다 기름에 볶는 조리법을 적용하는 것이 좋은 식품은?

① 무　　　　　　② 고구마

③ 토란　　　　　④ 당근

정답 ④

해설 비타민 A는 지용성 비타민이므로 기름을 이용한 요리를 하면 영양흡수가 더욱 좋다.

25 다음 중 단백가가 가장 높은 것은?

① 쇠고기　　　　② 달걀

③ 대두　　　　　④ 버터

정답 ②

해설 단백가란 식품에 함유된 필수아미노산의 양을 표준 단백질의 필수아미노산 조성과 비교한 수치로 달걀은 단백가가 가장 높다.

26 가정에서 많이 사용되는 다목적 밀가루는?

① 강력분　　　　② 중력분

③ 박력분　　　　④ 초강력분

정답 ②

27 산성 식품에 해당하는 것은?

① 곡류　　　　　② 사과

③ 감자　　　　　④ 시금치

정답 ①

해설 산성식품 : 황(S), 염소(Cl), 인(P) 등이 함유된 식품-육류, 곡류, 어패류
알칼리성 식품 : 나트륨(Na), 칼륨(K), 칼슘(Ca), 마그네슘(Mg) 등이 함유된 식품-채소, 해조류, 우유

28 아미노산, 단백질 등이 당류와 반응하여 갈색 물질을 생성하는 반응은?

① 폴리페놀 옥시다아제(polyphenol oxidase)

② 마이야르(Maillard) 반응

③ 캐러멜화(caramelization) 반응

④ 티로시나아제(tyrosinase) 반응

정답 ②

29 제조 과정 중 단백질 변성에 의한 응고 작용이 일어나지 않는 것은?

① 치즈 가공　　　② 두부 제조

③ 달걀 삶기　　　④ 딸기잼 제조

정답 ④

해설 잼의 3요소 : 펙틴, 유기산, 당

30 난황에 주로 함유되어 있는 색소는?

① 클로로필   ② 안토시아닌

③ 카로티노이드   ④ 플라보노이드

정답 ③

31 튀김옷의 재료에 관한 설명으로 **틀린** 것은?

① 중조를 넣으면 탄산가스가 발생하면서 수분도 증발되어 바삭하게 된다.

② 달걀을 넣으면 달걀 단백질의 응고로 수분 흡수가 방해되어 바삭하게 된다.

③ 글루텐 함량이 높은 밀가루가 오랫동안 바삭한 상태를 유지한다.

④ 얼음물에 반죽을 하면 점도를 낮게 유지하여 바삭하게 된다.

정답 ③

32 식품구매 시 폐기율을 고려한 총발주량을 구하는 식은?

① 총발주량 = (100 – 폐기율)×100×인원수

② 총발주량 = [(정미중량 – 폐기율)/(100 – 가식률)]×100

③ 총발주량 = (1인당 사용량 – 폐기율)×인원수

④ 총발주량 = [정미중량/(100 – 폐기율)]× 100×인원수

정답 ④

33 달걀의 기능을 이용한 음식의 연결이 **잘못된** 것은?

① 응고성 – 달걀찜

② 팽창제 – 시폰케이크

③ 간섭제 – 맑은 장국

④ 유화성 – 마요네즈

정답 ③

해설 간섭제 : 매끈하고 부드러운 질감을 만드는 역할로 셔벗이나 캔디 제조 시에 사용한다.

34 냉장고 사용방법으로 **틀린** 것은?

① 뜨거운 음식은 식혀서 냉장고에 보관한다.

② 문을 여닫는 횟수를 가능한 한 줄인다.

③ 온도가 낮으므로 식품을 장기간 보관해도 안전하다.

④ 식품의 수분이 건조되므로 밀봉하여 보관한다.

정답 ③

35 식품을 고를 때 채소류의 감별법으로 **틀린** 것은?

① 오이는 굵기가 고르며 만졌을 때 가시가 있고 무거운 느낌이 나는 것이 좋다.

② 당근은 일정한 굵기로 통통하고 마디나 뿔이 없는 것이 좋다.

③ 양배추는 가볍고 잎이 얇으며 신선하고 광택이 있는 것이 좋다.

④ 우엉은 껍질이 매끈하고 수염뿌리가 없는 것으로 굵기가 일정한 것이 좋다.

정답 ③

36 조리장의 설비에 대한 설명 중 부적합한 것은?

① 조리장의 내벽은 바닥으로부터 5cm까지 수성 자재로 한다.

② 충분한 내구력이 있는 구조여야 한다.

③ 조리장에는 식품 및 식기류의 세척을 위한 위생적인 세척 시설을 갖춘다.

④ 조리원 전용의 위생적 수세 시설을 갖춘다.

정답 ①

37 재료를 튀기거나 삶아서 걸쭉한 소스를 만들어 재료 위에 끼얹거나 소스에 버무려 내는 볶음 조리방법은 무엇인가?

① 차오 (炒-초)　　② 빠오 (爆-폭)

③ 리우 (溜-류)　　④ 지엔 (煎-전)

정답 ③

해설 차오 (炒-초) : 볶다라는 뜻으로 중국조리에서 가장 많이 사용되는 방법

빠오(爆-폭) : 여러모양으로 썬 재료들을 센 불에서 빠른 속도로 볶아 내는 조리 방법

지엔 (煎-전) : 소량의 기름을 두르고 밑 손질한 재료를 넣고 중간 또는 약불에서 한면 또는 양면을 지져서 익혀 내는 조리법

38 조리의 마지막 단계에서 녹말로 농도를 맞추는 이유로 틀린 것은?

① 수분과 기름은 분리되는 성질이 있으므로 녹말의 힘을 빌려 융화 시키는 역할을 한다.

② 재료를 고온의 기름으로 처리하면 그 표면이 거친데, 녹말이 들어가면 먹을 때 혀가 매끄럽게 느끼도록 해준다.

③ 중국요리는 뜨거울 때 먹는 것이 많으므로 잘 식지 않도록 녹말로 농도를 맞춘다.

④ 조리의 단맛을 내기 위해 조미료 대신 녹말로 농도를 맞춘다.

정답 ④

39 조리 시 일어나는 현상과 그 원인으로 연결이 틀린 것은?

① 장조림 고기가 단단하고 잘 찢어지지 않음 → 물에서 먼저 삶은 후 양념간장을 넣어 약한 불로 서서히 조렸기 때문

② 튀긴 도넛에 기름 흡수가 많음 → 낮은 온도에서 튀겼기 때문

③ 오이무침의 색이 누렇게 변함 → 식초를 미리 넣었기 때문

④ 생선을 굽는데 석쇠에 붙어 잘 떨어지지 않음 → 석쇠를 달구지 않았기 때문

정답 ①

40 식단을 작성할 때 구비해야 하는 자료로 가장 거리가 먼 것은?

① 계절 식품표

② 비품, 기기 위생점검표

③ 대치 식품표

④ 식품영양구성표

정답 ②

41 탈수가 일어나지 않으면서 간이 맞도록 생선을 구우려면 일반적으로 생선 중량 대비 소금의 양은 얼마가 가장 적당한가?

① 0.1%   ② 2%

③ 16%   ④ 20%

정답 ②

42 생선에 레몬즙을 부렸을 때 나타나는 현상이 아닌 것은?

① 신맛이 가해져서 생선이 부드러워진다.

② 생선의 비린내가 감소한다.

③ pH가 산성이 되어 미생물의 증식이 억제된다.

④ 단백질이 응고되어 생선이 단단해진다.

정답 ①

해설 레몬즙, 식초와 같은 산성물질이 가해지면 단백질을 응고시켜 식품을 단단하게 하며 살균효과도 있다.

43 배추김치를 만드는 데 배추 50kg이 필요하다. 배추 1kg의 값은 1,500원이고, 가식부율은 90%일 때 배추 구입비용은 약 얼마인가?

① 67,500원   ② 75,000원

③ 82,500원   ④ 83,400원

정답 ④

해설 필요비용 = 필요량 × 100/가식부율 × kg당 단가

= 50 × 100/90 × 1,500

= 5,000 × 500/90

= 7,500,000/90

= 83,333 ≒ 83,400원

44 육류 조리에 대한 설명으로 맞는 것은?

① 육류를 오래 끓이면 질긴 지방조직인 콜라겐이 젤라틴화되어 국물이 맛있게 된다.

② 목심, 양지, 사태는 건열조리에 적당하다.

③ 편육을 만들 때 고기는 처음부터 찬물에서 끓인다.

④ 육류를 찬물에 넣어 끓이면 맛성분 용출이 용이해져 국물 맛이 좋아진다.

정답 ④

45 단체급식에서 식품의 재고관리에 대한 설명으로 틀린 것은?

① 각 식품에 적당한 재고기간을 파악하여 이용하도록 한다.

② 식품의 특성이나 사용 빈도 등을 고려하여 저장 장소를 정한다.

③ 비상시를 대비하여 가능한 한 많은 재고량을 확보할 필요가 있다.

④ 먼저 구입한 것은 먼저 소비한다.

정답 ③

46 곱게 다진 돼지고기와 쌀알 크기로 썬 부재료를 식용유에 볶아 춘장과 닭 육수를 넣고 익힌 후 물전분으로 농도를 맞추고 삶은 면 위에 얹어 만든 음식은 무엇인가?

① 짜장면　　　　② 유니짜장면
③ 기스면　　　　④ 울면

정답 ②

해설 짜장면 : 돼지고기, 해산물, 양파, 호박, 생강 등을 기름에 볶은 춘장과 닭육수를 넣고 익힌 후 물전분으로 농도를 조절하여 삶은 면 위에 얹어 만든 음식
기스면 : 닭가슴살, 닭육수, 대파, 마늘, 생강, 소금, 간장, 후추 등으로 만든 맑은 닭육수에 잘 익힌 국수를 넣고 삶은 닭가슴살을 찢어서 올려 먹는 음식
울면 : 오징어, 홍합, 바지락 등의 해산물을 넣고 끓인 국물에 물녹말을 풀어 걸쭉하게 만들어 면을 말아 먹는 음식

47 중조를 넣어 콩을 삶을 때 가장 문제가 되는 것은?

① 비타민 B_1의 파괴가 촉진됨
② 콩이 잘 무르지 않음
③ 조리수가 많이 필요함
④ 조리시간이 길어짐

정답 ①

48 고기를 연하게 하기 위해 사용하는 과일에 들어 있는 단백질 분해효소가 아닌 것은?

① 피신(ficin)
② 브로멜린(bromelin)

③ 파파인(papain)
④ 아밀라아제(amylase)

정답 ④

해설 아밀라아제는 탄수화물을 분해하는 효소이다.

49 찹쌀떡이 멥쌀떡보다 더 늦게 굳는 이유는?

① pH가 낮기 때문에
② 수분함량이 적기 때문에
③ 아밀로오스의 함량이 많기 때문에
④ 아밀로펙틴의 함량이 많기 때문에

정답 ④

50 다음 중 일반적으로 폐기율이 가장 높은 식품은?

① 살코기　　　　② 달걀
③ 생선　　　　　④ 곡류

정답 ③

51 하수오염 조사 방법과 관련이 없는 것은?

① THM의 측정　　② COD의 측정
③ DO의 측정　　　④ BOD의 측정

정답 ①

해설 THM이란 트리할로메탄을 칭하는 용어로 수돗물의 원수를 염소처리하는 과정에서 생성되는 환경오염물질 하수오염 조사방법과 무관하다.
COD(화학적 산소요구량), DO(용존산소량), BOD(생화학적 산소요구량)

52 다음 중 가장 강한 살균력을 갖는 것은?

① 적외선 ② 자외선

③ 가시광선 ④ 근적외선

정답 ②

53 호흡기계 감염병이 아닌 것은?

① 폴리오 ② 홍역

③ 백일해 ④ 디프테리아

정답 ①

54 식품검수 방법의 연결이 틀린 것은?

① 화학적 방법 : 영양소의 분석, 첨가물, 유해성분 등을 검출하는 방법

② 검경적 방법 : 식품의 중량, 부피, 크기 등을 측정하는 방법

③ 물리학적 방법 : 식품의 비중, 경도, 점도, 빙점 등을 측정하는 방법

④ 생화학적 방법 : 효소반응, 효소 활성도, 수소이온농도 등을 측정하는 방법

정답 ②

해설 검경적 방법은 현미경을 이용 식품의 세포나 조직의 모양 병원균, 기생충, 불순물의 존재를 검사하는 것

55 대상집단의 조직체가 급식운영을 직접 하는 형태는?

① 준위탁급식 ② 위탁급식

③ 직영급식 ④ 협동조합급식

정답 ③

해설 직영급식 : 운영 주체가 되는 대상집단이 급식을 직접 운영하는 형태

56 감각온도의 3요소가 아닌 것은?

① 기온 ② 기습

③ 기류 ④ 기압

정답 ④

57 바삭한 튀김을 하기 위한 반죽이 아닌 것은?

① 녹말에 물을 넣어 앙금 녹말을 사용

② 글루텐 함량이 많은 강력분을 사용

③ 찬물이나 얼음물로 반죽

④ 소량의 식소다 사용

정답 ②

해설 글루텐 함량이 적은 박력분을 사용

58 계량방법이 잘못된 것은?

① 된장, 흑설탕은 꼭꼭 눌러 담아 수평으로 깎아서 계량한다.

② 우유는 투명기구를 사용하여 액체 표면의 윗부분을 눈과 수평으로 하여 계량한다.

③ 저울은 반드시 수평한 곳에서 0으로 맞추고 사용한다.

④ 마가린은 실온일 때 꼭꼭 눌러 담아 평평한 것으로 깎아 계량한다.

②

우유와 같은 액체는 투명한 계량기구에 넣고 눈높이를 계량 눈금의 밑선에 동일하게 하여 읽는다. (메니스커스)

59 폐기물 소각 처리 시의 가장 큰 문제점은?

① 악취가 발생되며 수질이 오염된다.

② 다이옥신이 발생한다.

③ 처리방법이 불쾌하다.

④ 지반이 약화되어 균열이 생길 수 있다.

②

60 공중보건사업과 거리가 먼 것은?

① 보건교육   ② 인구보건

③ 감염병 치료   ④ 보건행정

③

중식조리기능사
실기

II

Ⅱ 중식조리기능사 실기

| 실기 시험 안내 |

- **관련부처** : 식품의약품안전처
- **시행기관** : 한국산업인력공단
- **응시자격** : 필기시험 합격자, 필기시험 면제 대상자
- **시험과목** : 조리작업
- **검정방법** : 작업형/70분 정도
- **합격기준** : 100점 만점에 60점 이상 취득 시
- **응시방법** : 큐넷(http://q-net.or.kr) 인터넷 접수
- **응시료** : 28,500원
- **합격자 발표** : 시험종료 즉시 합격여부 확인가능

* 상시시험 원서접수는 한국산업인력공단에서 공고한 접수기간에만 접수가 가능하며, 선착순 방식
  으로 접수기간 종료 전에 마감될 수도 있음

| 위생상태 및 안전관리 세부기준 안내 |

순번	구분	세부기준
1	위생복 상의	• 전체 흰색, 손목까지 오는 긴소매 　－ 조리과정에서 발생 가능한 안전사고(화상 등) 예방 및 식품위생(체모 유입방지, 오염도 확인 등) 관리를 위한 기준 적용 　－ 조리과정에서 편의를 위해 소매를 접어 작업하는 것은 허용 　－ 부직포, 비닐 등 화재에 취약한 재질이 아닐 것, 팔토시는 긴팔로 불인정 • 상의 여밈은 위생복에 부착된 것이어야 하며 벨크로(일명 찍찍이), 단추 등 크기, 색상, 모양, 재질은 제한하지 않음(단, 핀 등 별도 부착한 금속성은 제외)
2	위생복 하의	• 색상 · 재질 무관, 안전과 작업에 방해가 되지 않는 발목까지 오는 긴바지 　－ 조리기구 낙하, 화상 등 안전사고 예방을 위한 기준 적용

3	위생모	• 전체 흰색, 빈틈이 없고 바느질 마감처리가 되어 있는 일반 조리장에서 통용되는 위생모(모자의 크기, 길이, 모양, 재질(면 · 부직포 등) 은 무관)
4	앞치마	• 전체 흰색, 무릎 아래까지 덮이는 길이 – 상하일체형(목끈형) 가능, 부직포 · 비닐 등 화재에 취약한 재질이 아닐 것
5	마스크 (입 가리개)	• 침액을 통한 위생상의 위해 방지용으로 종류는 제한하지 않음 (단, 감염병 예방법에 따라 마스크 착용 의무화 기간에는 '투명 위생 플라스틱 입가리개'는 마스크 착용으로 인정하지 않음)
6	위생화 (작업화)	• 색상 무관, 굽이 높지 않고 발가락 · 발등 · 발뒤꿈치가 덮여 안전사고를 예방할 수 있는 깨끗한 운동화 형태
7	장신구	• 일체의 개인용 장신구 착용 금지(단, 위생모 고정을 위한 머리핀 허용)
8	두발	• 단정하고 청결할 것, 머리카락이 길 경우 흘러내리지 않도록 머리망을 착용하거나 묶을 것
9	손/손톱	• 손에 상처가 없어야 하나, 상처가 있을 경우 보이지 않도록 할 것(시험위원 확인하에 추가 조치 가능) • 손톱은 길지 않고 청결하며 매니큐어, 인조손톱 등을 부착하지 않을 것
10	폐식용유 처리	• 사용한 폐식용유는 시험위원이 지시하는 적재장소에 처리할 것
11	교차오염	• 교차오염 방지를 위한 칼, 도마 등 조리기구 구분 사용은 세척으로 대신하여 예방할 것 • 조리기구에 이물질(예, 청테이프)을 부착하지 않을 것
12	위생관리	• 재료, 조리기구 등 조리에 사용되는 모든 것은 위생적으로 처리하여야 하며, 조리용으로 적합한 것일 것
13	안전사고 발생 처리	• 칼 사용(손 베임) 등으로 안전사고 발생 시 응급조치를 하여야 하며, 응급조치에도 지혈이 되지 않을 경우 시험진행 불가
14	눈금표시 조리도구	• 눈금표시된 조리기구 사용 허용 (실격 처리되지 않음, 2022년부터 적용) (단, 눈금표시에 재어가며 재료를 쓰는 조리작업은 조리기술 및 숙련도 평가에 반영)
15	부정 방지	• 위생복, 조리기구 등 시험장 내 모든 개인물품에는 수험자의 소속 및 성명 등의 표식이 없을 것(위생복의 개인 표식 제거는 테이프로 부착 가능)
16	테이프 사용	• 위생복 상의, 앞치마, 위생모의 소속 및 성명을 가리는 용도로만 허용

※ 위 내용은 안전관리인증기준(HACCP) 평가(심사) 매뉴얼, 위생등급 가이드라인 평가 기준 및 시행상의 운영사항을 참고하여 작성된 기준입니다.

| 위생상태 및 안전관리에 대한 채점기준 안내 |

위생 및 안전 상태	채점기준
1. 위생복(상/하의), 위생모, 앞치마, 마스크 중 한 가지라도 미착용한 경우 2. 평상복(흰티셔츠, 와이셔츠), 패션모자(흰털모자, 비니, 야구모자) 등 기준을 벗어난 위생복장을 착용한 경우	실격 (채점대상 제외)
3. 위생복(상/하의), 위생모, 앞치마, 마스크를 착용하였더라도 • 무늬가 있거나 유색의 위생복 상의 · 위생모 · 앞치마를 착용한 경우 • 흰색의 위생복 상의 · 앞치마를 착용하였더라도 부직포, 비닐 등 화재에 취약한 재질의 복장을 착용한 경우 • 팔꿈치가 덮이지 않는 짧은 팔의 위생복을 착용한 경우 • 위생복 하의의 색상, 재질은 무관하나 짧은 바지, 통이 넓은 힙합스타일 바지, 타이츠, 치마 등 안전과 작업에 방해가 되는 복장을 착용한 경우 • 위생모가 뚫려있어 머리카락이 보이거나, 수건 등으로 감싸 바느질 마감처리가 되어 있지 않고 풀어지기 쉬워 일반 조리장용으로 부적합한 경우 4. 위생복(상/하의), 위생모, 앞치마, 마스크, 조리기구에 수험자의 소속이나 성명이 있는 경우 5. 이물질(예, 테이프) 부착 등 식품위생에 위배되는 조리기구를 사용한 경우 ※ 위생복 테이프 부착은 식품위생 위배 조리기구에 해당하지 않음	'위생상태 및 안전관리' 점수 전체 0점
6. 위생복(상/하의), 위생모, 앞치마, 마스크를 착용하였더라도 • 위생복 상의가 팔꿈치를 덮기는 하나 손목까지 오는 긴소매가 아닌 위생복(팔토시 착용은 긴소매로 불인정), 실험복 형태의 긴 가운, 핀 등 금속을 별도 부착한 위생복을 착용하여 세부기준을 준수하지 않았을 경우 • 테두리선, 칼라, 위생모 짧은 창 등 일부 유색의 위생복 상의 · 위생모 · 앞치마를 착용한 경우(테이프 부착 불인정) • 위생복 하의가 발목까지 오지 않는 8부바지 7. 위생화(작업화), 장신구, 두발, 손/손톱, 폐식용유 처리, 안전사고 발생처리 등 '위생상태 및 안전관리 세부기준'을 준수하지 않았을 경우 8. '위생상태 및 안전관리 세부기준' 이외에 위생과 안전을 저해하는 기타사항이 있을 경우	'위생상태 및 안전관리' 점수 일부 감점

※ 위 기준에 표시되어 있지 않으나 일반적인 개인위생, 식품위생, 주방위생, 안전관리를 준수하지 않을 경우 감점처리 될 수 있습니다.

※ 수도자의 경우 제복 + 위생복 상의/하의, 위생모, 앞치마, 마스크 착용 허용

| 실기 출제기준 |

주요항목	세부항목	세세항목
1. 음식 위생관리	1. 개인위생 관리 하기	1. 위생관리기준에 따라 조리복, 조리모, 앞치마, 조리안전화 등을 착용할 수 있다 2. 두발, 손톱, 손 등 신체청결을 유지하고 작업수행 시 위생습관을 준수할 수 있다. 3. 근무 중의 흡연, 음주, 취식 등에 대한 작업장 근무수칙을 준수할 수 있다. 4. 위생관련법규에 따라 질병, 건강검진 등 건강상태를 관리하고 보고할 수 있다.
	2. 식품위생 관리 하기	1. 식품의 유통기한 · 품질 기준을 확인하여 위생적인 선택을 할 수 있다. 2. 채소 · 과일의 농약 사용여부와 유해성을 인식하고 세척할 수 있다. 3. 식품의 위생적 취급기준을 준수할 수 있다. 4. 식품의 반입부터 저장, 조리과정에서 유독성, 유해물질의 혼입을 방지할 수 있다.
	3. 주방위생 관리 하기	1. 주방 내에서 교차오염 방지를 위해 조리생산 단계별 작업공간을 구분하여 사용할 수 있다. 2. 주방위생에 있어 위해요소를 파악하고, 예방할 수 있다. 3. 주방, 시설 및 도구의 세척, 살균, 해충 · 해서 방제작업을 정기적으로 수행할 수 있다. 4. 시설 및 도구의 노후상태나 위생상태를 점검하고 관리할 수 있다. 5. 식품이 조리되어 섭취되는 전 과정의 주방 위생 상태를 점검하고 관리할 수 있다. 6. HACCP적용업장의 경우 HACCP관리기준에 의해 관리할 수 있다.
2. 음식 안전관리	1. 개인안전 관리 하기	1. 안전관리 지침서에 따라 개인 안전관리 점검표를 작성할 수 있다. 2. 개인안전사고 예방을 위해 도구 및 장비의 정리정돈을 상시할 수 있다. 3. 주방에서 발생하는 개인 안전사고의 유형을 숙지하고 예방을 위한 안전수칙을 지킬 수 있다. 4. 주방 내 필요한 구급품이 적정 수량 비치되었는지 확인하고 개인 안전보호 장비를 정확하게 착용하여 작업할 수 있다. 5. 개인이 사용하는 칼에 대해 사용안전, 이동안전, 보관안전을 수행할 수 있다. 6. 개인의 화상사고, 낙상사고, 근육팽창과 골절사고, 절단사고, 전기기구에 인한 전기 쇼크 사고, 화재사고와 같은 사고 예방을 위해 주의사항을 숙지하고 실천할 수 있다. 7. 개인 안전사고 발생 시 신속 정확한 응급조치를 실시하고 재발 방지 조치를 실행할 수 있다.

주요항목	세부항목	세세항목
	2. 장비 · 도구 안전작업하기	1. 조리장비 · 도구에 대한 종류별 사용방법에 대해 주의사항을 숙지할 수 있다. 2. 조리장비 · 도구를 사용 전 이상 유무를 점검할 수 있다. 3. 안전 장비 류 취급 시 주의사항을 숙지하고 실천할 수 있다. 4. 조리장비 · 도구를 사용 후 전원을 차단하고 안전수칙을 지키며 분해하여 청소할 수 있다. 5. 무리한 조리장비 · 도구 취급은 금하고 사용 후 일정한 장소에 보관하고 점검할 수 있다. 6. 모든 조리장비 · 도구는 반드시 목적 이외의 용도로 사용하지 않고 규격품을 사용할 수 있다.
	3. 작업환경 안전 관리하기	1. 작업환경 안전관리 시 작업환경 안전관리 지침서를 작성할 수 있다. 2. 작업환경 안전관리 시 작업장 주변 정리 정돈 등을 관리 점검할 수 있다. 3. 작업환경 안전관리 시 제품을 제조하는 작업장 및 매장의 온 · 습도관리를 통하여 안전사고요소 등을 제거할 수 있다. 4. 작업장 내의 적정한 수준의 조명과 환기, 이물질, 미끄럼 및 오염을 방지할 수 있다. 5. 작업환경에서 필요한 안전관리시설 및 안전용품을 파악하고 관리할 수 있다. 6. 작업환경에서 화재의 원인이 될 수 있는 곳을 자주 점검하고 화재진압기를 배치하고 사용할 수 있다. 7. 작업환경에서의 유해, 위험, 화학물질을 처리기준에 따라 관리할 수 있다. 8. 법적으로 선임된 안전관리책임자가 정기적으로 안전교육을 실시하고 이에 참여할 수 있다.
3. 중식 기초 조리 실무	1. 기본 칼 기술 습득하기	1. 칼의 종류와 사용용도를 이해할 수 있다. 2. 기본 썰기 방법을 습득할 수 있다. 3. 조리목적에 맞게 식재료를 썰 수 있다. 4. 칼을 연마하고 관리할 수 있다. 5. 중식 조리작업에 사용한 칼을 일정한 장소에 정리 정돈할 수 있다.
	2. 기본 기능 습득 하기	1. 조리기물의 종류 및 용도에 대하여 이해하고 습득할 수 있다. 2. 조리에 필요한 조리도구를 사용하고 종류별 특성에 맞게 적용할 수 있다. 3. 계량법을 이해하고 활용할 수 있다. 4. 채소에 대하여 전처리 방법을 이해하고 처리할 수 있다. 5. 어패류에 대하여 전처리 방법을 이해하고 처리할 수 있다. 6. 육류에 대하여 전처리 방법을 이해하고 처리할 수 있다. 7. 중식조리의 요리별 육수 및 소스를 용도에 맞게 만들 수 있다. 8. 중식 조리작업에 사용한 조리도구와 주방을 정리 정돈할 수 있다.

주요항목	세부항목	세세항목
	3. 기본 조리법 습득하기	1. 중국요리의 기본 조리방법의 종류와 조리원리를 이해할 수 있다. 2. 식재료 종류에 맞는 건열조리를 할 수 있다. 3. 식재료 종류에 맞는 습열조리를 할 수 있다. 4. 식재료 종류에 맞는 복합가열조리를 할 수 있다. 5. 식재료 종류에 맞는 비가열조리를 할 수 있다.
4. 중식 절임·무침조리	1. 절임·무침 준비하기	1. 곁들임 요리에 필요한 절임 양과 종류를 선택할 수 있다. 2. 곁들임 요리에 필요한 무침의 양과 종류를 선택할 수 있다. 3. 표준 조리법에 따라 재료를 전처리하여 사용할 수 있다.
	2. 절임류 만들기	1. 재료의 특성에 따라 절임을 할 수 있다. 2. 절임 표준조리법에 준하여 산도, 염도 및 당도를 조절할 수 있다. 3. 절임의 용도에 따라 절임 기간을 조절할 수 있다.
	3. 무침류 만들기	1. 메뉴 구성을 고려하여 무침류 재료를 선택할 수 있다. 2. 무침 용도에 적합하게 재료를 썰 수 있다. 3. 무침 재료의 종류에 따라 양념하여 무칠 수 있다.
	4. 절임 보관·무침 완성하기	1. 절임류를 위생적으로 안전하게 보관할 수 있다. 2. 무침류를 위생적으로 안전하게 보관할 수 있다. 3. 절임이나 무침을 담을 접시를 선택할 수 있다.
5. 중식 육수·소스 조리	1. 육수·소스 준비하기	1. 육수의 종류에 따라서 도구와 재료를 준비할 수 있다. 2. 소스의 종류에 따라서 도구와 재료를 준비할 수 있다. 3. 필요에 맞도록 양념류와 향신료를 준비할 수 있다. 4. 가공 소스류를 특성에 맞게 준비할 수 있다.
	2. 육수·소스 만들기	1. 육수 재료를 손질할 수 있다. 2. 육수와 소스의 종류와 양에 맞는 기물을 선택할 수 있다. 3. 소스 재료를 손질하여 전처리할 수 있다. 4. 육수 표준조리법에 따라서 끓이는 시간과 화력의 강약을 조절할 수 있다. 5. 소스 표준조리법에 따라서 향, 맛, 농도, 색상의 정도를 조절할 수 있다.
	3. 육수·소스 완성 보관하기	1. 육수를 필요에 따라 사용할 수 있는 상태로 보관할 수 있다. 2. 소스를 필요에 따라 사용할 수 있는 상태로 보관할 수 있다. 3. 메뉴선택에 따라 육수와 소스를 다시 끓여 사용할 수 있다.
6. 중식 튀김조리	1. 튀김 준비하기	1. 튀김의 특성을 고려하여 적합한 재료를 선정할 수 있다. 2. 각 재료를 튀김의 종류에 맞게 준비할 수 있다. 3. 튀김의 재료에 따라 온도를 조정할 수 있다.

	2. 튀김 조리하기	1. 재료를 튀김요리에 맞게 썰 수 있다.
		2. 용도에 따라 튀김옷 재료를 준비할 수 있다.
		3. 조리재료에 따라 기름의 종류, 양과 온도를 조절할 수 있다.
		4. 재료 특성에 맞게 튀김을 할 수 있다.
		5. 사용한 기름의 재사용 또는 폐기를 위한 처리를 할 수 있다.
	3. 튀김 완성하기	1. 튀김요리의 종류에 따라 그릇을 선택할 수 있다.
		2. 튀김요리에 어울리는 기초 장식을 할 수 있다.
		3. 표준조리법에 따라 색깔, 맛, 향, 온도를 고려하여 튀김요리를 담을 수 있다.
7. 중식 조림조리	1. 조림 준비하기	1. 조림의 특성을 고려하여 적합한 재료를 선정할 수 있다.
		2. 각 재료를 조림의 종류에 맞게 준비할 수 있다.
		3. 조림의 종류에 맞게 도구를 선택할 수 있다.
	2. 조림 조리하기	1. 재료를 각 조림요리의 특성에 맞게 손질할 수 있다.
		2. 손질한 재료를 기름에 익히거나 물에 데칠 수 있다.
		3. 조림조리를 위해 화력을 강약으로 조절할 수 있다.
		4. 조림에 따라 양념과 향신료를 사용할 수 있다.
		5. 조림요리 특성에 따라 전분으로 농도를 조절하여 완성할 수 있다.
	3. 조림 완성하기	1. 조림 요리의 종류에 따라 그릇을 선택할 수 있다.
		2. 조림 요리에 어울리는 기초 장식을 할 수 있다.
		3. 표준조리법에 따라 색깔, 맛, 향, 온도를 고려하여 조림요리를 담을 수 있다.
		4. 도구를 사용하여 적합한 크기로 요리를 잘라 제공할 수 있다.
8. 중식 밥조리	1. 밥 준비하기	1. 필요한 쌀의 양과 물의 양을 계량할 수 있다.
		2. 조리방식에 따라 여러 종류의 쌀을 이용할 수 있다.
		3. 계량한 쌀을 씻고 일정 시간 불려둘 수 있다.
	2. 밥 짓기	1. 쌀의 종류와 특성, 건조도에 따라 물의 양을 가감할 수 있다.
		2. 표준조리법에 따라 필요한 조리 기구를 선택하여 활용할 수 있다.
		3. 주어진 일정과 상황에 따라 조리 시간과 방법을 조정할 수 있다.
		4. 표준조리법에 따라 화력의 강약을 조절하여 가열시간 조절, 뜸들이기를 할 수 있다.
		5. 메뉴종류에 따라 보온 보관 및 재 가열을 실시할 수 있다.
	3. 요리별 조리하여 완성하기	1. 메뉴에 따라 볶음요리와 튀김요리를 곁들여 조리할 수 있다.
		2. 화력의 강약을 조절하여 볶음밥을 조리할 수 있다.
		3. 메뉴 구성을 고려하여 소스(짜장소스)와 국물(계란 국물 또는 짬뽕 국물)을 곁들여 제공할 수 있다.
		4. 메뉴에 따라 어울리는 기초 장식을 할 수 있다.

9. 중식 면조리	1. 면 준비하기	1. 면의 특성을 고려하여 적합한 밀가루를 선정할 수 있다. 2. 면 요리 종류에 따라 재료를 준비할 수 있다. 3. 면 요리 종류에 따라 도구 · 제면기를 선택할 수 있다.
	2. 반죽하여 면 뽑기	1. 면의 종류에 따라 적합하게 반죽하여 숙성할 수 있다. 2. 면 요리에 따라 수타면과 제면기를 이용하여 면을 뽑을 수 있다. 3. 면 요리에 따라 면의 두께를 조절할 수 있다.
	3. 면 삶아 담기	1. 면의 종류와 양에 따라 끓는 물에 삶을 수 있다. 2. 삶은 면을 찬물에 헹구어 면을 탄력 있게 할 수 있다. 3. 메뉴에 따라 적합한 그릇을 선택하여 차거나 따뜻하게 담을 수 있다
	4. 요리별 조리하여 완성하기	1. 메뉴에 따라 소스나 국물을 만들 수 있다. 2. 요리별 표준조리법에 따라 색깔, 맛, 향, 온도, 농도, 국물의 양을 고려하여 소스나 국물을 담을 수 있다. 3. 메뉴에 따라 어울리는 기초 장식을 할 수 있다.
10. 중식 냉채조리	1. 냉채 준비하기	1. 선택된 메뉴를 고려하여 냉채요리를 선정할 수 있다. 2. 냉채조리의 특성과 성격을 고려하여 재료를 준비할 수 있다. 3. 재료를 계절과 재료 수급 등 냉채요리 종류에 맞추어 손질할 수 있다.
	2. 기초 장식 만들기	1. 요리에 따른 기초 장식을 선정할 수 있다. 2. 재료의 특성을 고려하여 기초 장식을 만들 수 있다. 3. 만들어진 기초 징식을 보관 · 관리할 수 있다.
	3. 냉채 조리하기	1. 무침 · 데침 · 찌기 · 삶기 · 조림 · 튀김 · 구이 등의 조리방법을 표준조리법에 따라 적용할 수 있다. 2. 해산물, 육류, 가금류, 채소, 난류 등 냉채의 일부로서 사용되는 재료를 표준조리법에 따른 적합한 소스를 선택하여 조리할 수 있다. 3. 냉채 종류에 따른 적합한 소스를 선택하여 조리할 수 있다. 4. 숙성 및 발효가 필요한 소스를 조리할 수 있다.
	4. 냉채 완성하기	1. 전체 식단의 양과 구성을 고려하여 제공하는 양을 조절할 수 있다. 2. 냉채요리의 모양새와 제공 방법을 고려하여 접시를 선택할 수 있다. 3. 숙성 시간과 온도, 선도를 고려하여 요리를 담아낼 수 있다. 4. 냉채요리에 어울리는 기초 장식을 사용할 수 있다.
11. 중식 볶음조리	1. 볶음 준비하기	1. 볶음의 특성을 고려하여 적합한 재료를 선정할 수 있다. 2. 볶음 방법에 따른 조리용 매개체(물, 기름류, 양념류)를 이용하고 선정할 수 있다. 3. 각 재료를 볶음의 종류에 맞게 준비할 수 있다.
	2. 볶음 조리하기	1. 재료를 볶음요리에 맞게 손질할 수 있다. 2. 썰어진 재료를 조리 순서에 맞게 기름에 익히거나 물에 데칠 수 있다. 3. 화력의 강약을 조절하고 양념과 향신료를 첨가하여 볶음요리의 농도를 조절할 수 있다. 4. 메뉴별 표준조리법에 따라 전분을 이용하여 볶음요리의 농도를 조절할 수 있다.

	3. 볶음 완성하기	1. 볶음요리의 종류와 제공방법에 따른 그릇을 선택할 수 있다.
		2. 메뉴에 따라 어울리는 기초 장식을 할 수 있다.
		3. 메뉴의 표준조리법에 따라 볶음요리를 담을 수 있다.
12. 중식 후식조리	1. 후식 준비하기	1. 주 메뉴의 구성을 고려하여 적합한 후식요리를 선정할 수 있다.
		2. 표준조리법에 따라 후식재료를 선택할 수 있다.
		3. 소비량을 고려하여 재료의 양을 미리 조정할 수 있다.
		4. 재료에 따라 전 처리하여 사용할 수 있다.
	2. 더운 후식류 만들기	1. 메뉴의 구성에 따라 더운 후식의 재료를 준비할 수 있다.
		2. 용도에 맞게 재료를 알맞은 모양으로 잘라 준비할 수 있다.
		3. 조리재료에 따라 튀김 기름의 종류, 양과 온도를 조절할 수 있다.
		4. 재료 특성에 맞게 튀김을 할 수 있다.
		5. 알맞은 온도와 시간으로 설탕을 녹여 재료를 버무릴 수 있다.
	3. 찬 후식류 만들기	1. 재료를 후식요리에 맞게 썰 수 있다.
		2. 후식류의 특성에 맞추어 조리를 할 수 있다.
		3. 용도에 따라 찬 후식류를 만들 수 있다.
	4. 후식류 완성 하기	1 후식요리의 종류와 모양에 따라 알맞은 그릇을 선택할 수 있다.
		2 표준조리법에 따라 용도에 알맞은 소스를 만들 수 있다.
		3. 더운 후식요리는 온도와 시간을 조절하여 만들 수 있다.
		4. 후식요리의 종류에 맞춰 담아낼 수 있다.

| 공통 수검자 유의사항 |

1) 만드는 순서에 유의하며, 위생과 숙련된 기능평가를 위하여 조리작업 시 맛을 보지 않습니다.

2) 지정된 수험자 지참준비물 이외의 조리기구나 재료를 시험장 내에 지참할 수 없습니다.

3) 지급재료는 시험 전 확인하여 이상이 있을 경우 시험위원으로부터 조치를 받고 시험 중에는 재료의 교환 및 추가지급은 하지 않습니다.

4) 요구사항 및 지급재료의 규격은 "정도"의 의미를 포함하며, 재료의 크기에 따라 가감하여 채점됩니다.

5) 위생복, 위생모, 앞치마, 마스크를 착용하여야 하며, 시험장비·조리도구 취급 등 안전에 유의합니다.

6) 다음 사항에 대해서는 실격에 해당하여 채점 대상에서 제외됩니다.

   가) 수험자 본인이 시험 도중 시험에 대한 포기 의사를 표현하는 경우

   나) 위생복, 위생모, 앞치마, 마스크를 착용하지 않은 경우

   다) 시험시간 내에 과제 두 가지를 제출하지 못한 경우

   라) 문제의 요구사항대로 과제의 수량이 만들어지지 않은 경우

   마) 완성품을 요구사항의 과제(요리)가 아닌 다른 요리(예, 달걀말이 → 달걀찜)로 만든 경우

   바) 불을 사용하여 만든 조리작품이 작품특성에 벗어나는 정도로 타거나 익지 않은 경우

   사) 해당과제의 지급재료 이외 재료를 사용하거나, 요구사항의 조리기구(석쇠 등)로 완성품을 조리하지 않은 경우

   아) 지정된 수험자 지참준비물 이외의 조리기술에 영향을 줄 수 있는 기구를 사용한 경우

   자) 가스레인지 화구 2개 이상(2개 포함) 사용한 경우

   차) 시험 중 시설·장비(칼, 가스레인지 등) 사용 시 시험위원 및 타 수험자의 시험 진행에 위해를 일으킬 것으로 시험위원 전원이 합의하여 판단한 경우

   카) 요구사항에 표시된 실격 및 부정행위에 해당하는 경우

7) 항목별 배점은 위생상태 및 안전관리 5점, 조리기술 30점, 작품의 평가 15점입니다.

8) 시험시작 전 가벼운 몸 풀기(스트레칭) 동작으로 긴장을 풀고 시험을 시작합니다.

| 수험자 지참준비물 |

번호	재료명	규격	단위	수량	비고
1	가위	–	EA	1	
2	계량스푼	–	EA	1	
3	계량컵	–	EA	1	
4	국대접	기타 유사품 포함	EA	1	
5	국자	–	EA	1	
6	냄비	–	EA	1	시험장에도 준비되어 있음
7	도마	흰색 또는 나무도마	EA	1	시험장에도 준비되어 있음
8	뒤집개	–	EA	1	
9	랩	–	EA	1	
10	마스크	–	EA	1	*위생복장(위생복 · 위생모 · 앞치마 · 마스크)을 착용하지 않을 경우 채점대상에서 제외(실격)됩니다*
11	면포/행주	흰색	장	1	
12	밥공기	–	EA	1	
13	볼(bowl)	–	EA	1	
14	비닐백	위생백, 비닐봉지 등 유사품 포함	장	1	
15	상비의약품	손가락골무, 밴드 등	EA	1	
16	쇠조리(혹은 체)	–	EA	1	
17	숟가락	차스푼 등 유사품 포함	EA	1	
18	앞치마	흰색(남녀공용)	EA	1	*위생복장(위생복 · 위생모 · 앞치마 · 마스크)을 착용하지 않을 경우 채점대상에서 제외(실격)됩니다*
19	위생모	흰색	EA	1	
20	위생복	상의–흰색/긴소매, 하의–긴바지 (색상 무관)	벌	1	
21	위생타월	키친타월, 휴지 등 유사품 포함	장	1	
22	이쑤시개	산적꼬치 등 유사품 포함	EA	1	
23	접시	양념접시 등 유사품 포함	EA	1	
24	젓가락		EA	1	
25	종이컵	–	EA	1	
26	종지	–	EA	1	
27	주걱	–	EA	1	

28	집게	–	EA	1	
29	칼	조리용 칼, 칼집 포함	EA	1	
30	호일	–	EA	1	
31	프라이팬	원형 또는 사각으로 바닥이 평평하여 특수 모양 성형이 없을 것(예, 오믈렛 팬)	EA	1	특수 모양 성형(예, 오믈렛 팬) 없을 것, 시험장에도 준비되어 있음

※ 지참준비물의 수량은 최소 필요수량으로 수험자가 필요시 추가지참 가능합니다.

※ 지참준비물은 일반적인 조리용을 의미하며, 기관명, 이름 등 표시가 없는 것이어야 합니다.

※ 지참준비물 중 수험자 개인에 따라 과제를 조리하는 데 불필요하다고 판단되는 조리기구는 지참하지 않아도 됩니다.

※ 지참준비물 목록에는 없으나 조리에 직접 사용되지 않는 조리 주방용품(예, 수저통 등)은 지참 가능합니다.

※ 수험자 지참준비물 이외의 조리기구를 사용한 경우 채점대상에서 제외(실격)됩니다.

※ 위생상태 세부기준은 큐넷 – 자료실 – 공개문제에 공지된 "위생상태 및 안전관리 세부기준"을 참조하시기 바랍니다.

탕수육(糖醋肉, 탕초육)

30분

주어진 재료를 사용하여 다음과 같이 탕수육을 만드시오.

1 돼지고기는 길이 4cm, 두께 1cm의 긴 사각형 크기로 써시오.

2 채소는 편으로 써시오.

3 앙금녹말을 만들어 사용하시오.

4 소스는 달콤하고 새콤한 맛이 나도록 만들어 돼지고기에 버무려 내시오.

조리순서

녹말앙금 ➡ 재료 세척 ➡ 기름 예열 ➡ 재료 썰기 ➡ 튀김반죽 후 튀기기 ➡ 소스 만들기 ➡ 튀긴 고기 버무려 담기

조리방법

1 녹말가루에 물을 부어서 된녹말을 만든다.

2 당근, 오이, 양파, 대파는 편 썰고 목이버섯은 불린 후 뜯는다.

3 고기는 길이 4cm, 두께 1cm로 썰어 진간장, 청주로 밑간한다.

4 밑간한 돼지고기는 달걀, 된녹말로 반죽해서 160℃ 기름에 한 번, 170℃ 기름에서 바삭하게 두 번 튀긴다.

5 물녹말을 만든다.

6 팬에 기름을 두르고 대파를 볶은 후 청주로 향을 내고 채소를 볶는다.

7 물 1C, 진간장 1T, 설탕 3T, 식초 3T를 넣어 끓인 후 물녹말로 농도를 맞춘다.

8 만들어진 소스에 튀긴 고기를 버무려 제출 그릇에 담는다.

지급재료 목록

1	돼지등심	200g
2	달걀	1개
3	녹말가루	100g
4	대파	1토막
5	당근	30g
6	오이	1/4개
7	양파	1/4개
8	건목이버섯	1개
9	완두	15g
10	진간장	15ml
11	흰설탕	100g
12	식초	50ml
13	청주	15ml
14	식용유	800ml

Point & Tip

🥄 탕 : 설탕(糖)

　수 : 식초(醋)를 의미한다.

🥄 튀김 기름의 온도는 반죽을 젓가락에 묻혀 확인해 본다.

MEMO

깐풍기 (乾烹鷄, 건팽계)

30분

요구사항

주어진 재료를 사용하여 다음과 같이 **깐풍기**를 만드시오.

1 닭은 뼈를 발라낸 후 사방 3cm 사각형으로 써시오.

2 닭을 튀기기 전에 튀김옷을 입히시오.

3 채소는 0.5cm×0.5cm로 써시오.

조리순서

재료 세척 ➡ 기름 예열 ➡ 재료 썰기 ➡ 튀김반죽 후 튀기기 ➡
소스 만들기 ➡ 윤기 나게 졸이기 ➡ 담기

조리방법

1 마늘, 생강, 대파, 홍고추, 청피망은 0.5cm×0.5cm로 잘게 썰어 준비한다.

2 닭고기는 뼈를 발라낸 후 사방 3cm 정도의 크기로 썰어 소금, 청주, 후추로 밑간한다.

3 녹말과 달걀로 반죽을 해서 160℃에서 한 번 튀기고, 170℃에서 바삭하게 두 번 튀긴다.

4 팬에 기름을 두르고 홍고추, 파, 마늘, 생강을 볶은 후 간장, 청주로 향을 내고 물 1T, 간장 1T, 설탕 1T, 식초 1T의 소스를 넣고 졸인다.

5 소스가 윤기 있게 졸여지면 튀겨 놓은 닭과 청피망, 참기름을 넣고 버무려 제출 그릇에 담는다.

지급재료 목록

1	닭다리	1개
2	달걀	1개
3	녹말가루	100g
4	생강	5g
5	마늘	3쪽
6	대파	2토막
7	청피망	1/4개
8	홍고추(생)	1/2개
9	진간장	15ml
10	흰설탕	15g
11	식초	15ml
12	청주	15ml
13	참기름	5ml
14	소금	10g
15	식용유	800ml
16	검은후춧가루	1g

Point & Tip

🥄 乾 : 마르다.

🥄 烹 : 볶는다.

🥄 鷄 : 닭고기

🥄 청피망은 조리의 마지막에 넣어야 색이 선명하다.

🥄 소스를 윤기가 나게 졸인다.

MEMO

탕수생선살 (糖醋魚塊, 탕초어괴)

30분

요구사항

주어진 재료를 사용하여 다음과 같이 **탕수생선살**을 만드시오.

1 생선살은 1cm×4cm 크기로 썰어 사용하시오.

2 채소는 편으로 썰어 사용하시오.

3 소스는 달콤하고 새콤한 맛이 나도록 튀긴 생선에 버무려 내시오.

재료확인 ➜ 기름 예열 ➜ 재료 썰기 ➜ 튀김반죽 후 튀기기 ➜ 소스 만들기 ➜ 튀긴 생선 버무려 담기

—— 조리방법 ——

1 당근, 오이, 파인애플은 편 썰고 불린 목이버섯은 손으로 뜯는다.

2 생선살은 물기를 제거하고 4cm×1cm로 썰어 수분을 제거한다.

3 녹말, 달걀을 넣고 튀김 반죽을 만든 다음 생선에 튀김옷을 입혀 160℃에서 한 번 170℃에서 바삭하게 두 번 튀긴다.

4 물녹말을 만든다.

5 팬에 기름을 두르고 채소, 파인애플, 완두콩을 볶고 물 1C, 간장 1T, 식초 3T, 설탕 3T을 넣고 끓으면 물녹말로 농도를 맞춘다.

6 소스에 튀긴 생선살을 넣고 버무려 제출 그릇에 담는다.

—— 지급재료 목록 ——

1	흰생선살	150g
2	달걀	1개
3	녹말가루	100g
4	당근	30g
5	오이	1/6개
6	파인애플	1쪽
7	건목이버섯	1개
8	완두콩	20g
9	진간장	30ml
10	흰설탕	100g
11	식초	60ml
12	식용유	600ml

Point & Tip

🍴 생선을 튀기면 길이가 줄어들기 때문에 완성길이보다 조금 길게 자른다.

🍴 생선의 수분 제거를 잘 하고 반죽도 되직하게 한다.

🍴 튀김의 색이 진하지 않도록 주의한다.

MEMO

난자완스(腩煎丸子, 남전환자)

25분

요구사항

주어진 재료를 사용하여 다음과 같이 난자완스를 만드시오.

1 완자는 지름 4cm로 둥글고 납작하게 만드시오.

2 완자는 손이나 수저로 하나씩 떼어 팬에서 모양을 만드시오.

3 채소는 4cm 크기의 편으로 써시오.(단, 대파는 3cm 크기)

4 완자는 갈색이 나도록 하시오.

— 조리순서 —

재료확인 ➡ 고기양념 ➡ 채소썰어 데치기 ➡ 향채썰기 ➡ 고기
튀기기 ➡ 완자 조리기 ➡ 농도 맞추어 담기

— 조리방법 —

1 대파는 3cm, 마늘, 생강은 편으로 썬다.

2 청경채, 죽순, 표고버섯은 4cm 정도 크기로 편 썰어 데친다.

3 고기는 곱게 다져 핏물을 제거하고 청주, 간장, 후추, 달걀, 녹말을 넣어 끈기 나게 치댄다.

4 반죽한 고기는 손이나 수저로 뗀 후 기름팬에 4cm 정도의 둥글납작한 완자가 되도록 눌러 가면서 튀긴다.

5 물녹말을 만든다.

6 팬에 기름을 두르고 대파, 마늘, 생강을 볶아 간장, 청주로 향을 내고 채소를 볶으면서 물 2/3C, 간장 1T, 청주1T, 후춧가루를 넣고 끓어오르면 튀긴 완자를 넣고 끓인다.

7 소스가 졸여지면 물녹말로 농도를 맞추고 참기름을 넣어 완성 후 제출 그릇에 담는다.

— 지급재료 목록 —

1	돼지등심	200g
2	달걀	1개
3	녹말가루	50g
4	생강	5g
5	마늘	2쪽
6	대파	1토막
7	청경채	1포기
8	죽순	50g
9	건표고버섯	2개
10	진간장	15ml
11	청주	20ml
12	참기름	5ml
13	소금	3g
14	검은후춧가루	1g
15	식용유	800ml

Point & Tip

🍴 난자완스는 중국 남쪽 지방에서 고기를 둥글납작하게 만들어 먹는 요리이다.

🍴 완자를 잘 치대 주어야 튀겼을 때 매끈한 모양이 나온다.

MEMO

홍쇼두부 (紅燒豆腐, 홍쇼더후)

30분

주어진 재료를 사용하여 다음과 같이 홍쇼두부를 만드시오.

요구사항

1 두부는 가로와 세로 5cm, 두께 1cm의 삼각형 크기로 써시오.

2 채소는 편으로 써시오.

3 두부는 으깨어지거나 붙지 않게 하고 갈색이 나도록 하시오.

재료 세척 ➡ 재료 썰기 ➡ 채소 데치기 ➡ 두부 튀기기 ➡ 고기
데치기 ➡ 소스 만들기 ➡ 농도 맞추기 ➡ 담기

── 조리방법 ──

1 홍고추는 4cm, 마늘, 대파, 생강은 편으로 썬다.

2 죽순, 청경채, 양송이, 표고버섯은 편 썰어 끓는 물에 데친다.

3 두부는 가로와 세로 5cm, 두께 1cm 정도의 삼각형으로 썰
어 수분 제거 후 기름에 노릇하게 튀긴다.

4 돼지고기는 얇게 편으로 썰어 청주, 간장으로 밑간하고 달걀
흰자와 녹말로 버무려 기름에서 데친다.

5 물녹말을 만든다.

6 팬에 기름을 두르고 대파, 마늘, 생강, 홍고추를 볶다가 간장,
청주로 향을 내고 데친 채소를 넣어 볶은 후 물 2/3C, 간장
1T으로 간을 하여 끓인다.

7 소스가 끓으면 두부와 고기를 넣고 물녹말을 넣어 농도를 맞
추고 참기름을 넣어 섞은 다음 제출 그릇에 담는다.

── 지급재료 목록 ──

1	두부	150g
2	돼지등심	50g
3	생강	5g
4	마늘	2쪽
5	대파	1토막
6	건표고버섯	1개
7	죽순	30g
8	청경채	1포기
9	홍고추(생)	1개
10	양송이(통조림)	1개
11	달걀	1개
12	녹말가루	10g
13	진간장	15ml
14	참기름	5ml
15	청주	5ml
16	식용유	500ml

Point & Tip

🍜 고기는 120℃ 정도의 기름에 데쳐서 건져낸다.

🍜 튀김기름에 두부를 넣어 달라붙지 않게 주의한다.

MEMO

새우볶음밥 (蝦仁炒饭, 하인초반)

30분

주어진 재료를 사용하여 다음과 같이 새우볶음밥을 만드시오.

요구사항

1 새우는 내장을 제거하고 데쳐서 사용하시오.

2 채소는 0.5cm 크기의 주사위 모양으로 써시오.

3 부드럽게 볶은 달걀에 밥, 채소, 새우를 넣어 질지 않게 볶아 전량 제출하시오.

— 조리순서 —

재료 세척 ➡ 새우 데치기 ➡ 밥하기 ➡ 당근, 청피망 썰기 ➡ 달걀 익히기 ➡ 밥, 채소, 새우 볶기 ➡ 간하기 ➡ 담기

— 조리방법 —

1 새우살은 내장을 제거하고, 끓는 물에 데친다.

2 불린 쌀은 씻어서 동량의 물을 붓고 고슬고슬한 밥을 짓는다.

3 당근, 대파, 청피망은 0.5cm 정도의 주사위 모양으로 썬다.

4 달걀은 소금을 넣고 잘 풀어 놓는다.

5 팬에 기름을 두르고 ④를 넣고 저으면서 부드럽게 익힌다.

6 ⑤에 밥을 넣고 골고루 볶아지면 당근, 피망, 대파를 넣어 볶다가 새우를 넣어 볶는다.

7 소금, 흰후춧가루로 간을 하여 제출그릇에 담는다.

— 지급재료 목록 —

1	쌀	150g
2	작은 새우살	30g
3	달걀	1개
4	대파	1토막
5	당근	20g
6	청피망	1/3개
7	식용유	50ml
8	소금	5g
9	흰후춧가루	5g

Point & Tip

🥄 밥물이 넘치지 않게 젖은 행주를 뚜껑에 올린다.

🥄 달걀이 익으면 밥을 넣어 타지 않게 볶는다.

MEMO

유니짜장면(肉泥炸醬麵, 육니짜장면반)

30분

 주어진 재료를 사용하여 다음과 같이 유니짜장면을 만드시오.

요구사항

1 춘장은 기름에 볶아서 사용하시오.

2 양파, 호박은 0.5cm×0.5cm 크기의 네모꼴로 써시오.

3 중식면은 끓는 물에 삶아 찬물에 헹군 후 데쳐 사용하시오.

4 삶은 면에 짜장소스를 부어 오이채를 올려내시오.

조리순서

재료 세척 ➡ 재료 썰기 ➡ 면 삶기 ➡ 춘장 볶기 ➡ 채소, 볶은 춘장 볶기 ➡ 소스 넣어 졸이기 ➡ 면 데치기 ➡ 면 위에 소스 올리기 ➡ 오이채 올리기

조리방법

1 양파와 호박은 0.5cm×0.5cm 정도 크기의 네모 모양으로 썬다.

2 오이는 어슷하게 채 썰고, 돼지고기와 생강은 곱게 다진다.

3 면은 끓는 물에 소금을 넣고 삶아서 찬물에 헹궈 놓는다.

4 팬에 기름을 넉넉하게 붓고 춘장을 볶아낸다.

5 물녹말을 만든다.

6 팬에 기름을 두르고 생강, 양파, 고기를 볶다가 간장, 청주로 향을 내고 양파, 호박을 넣어 볶아준다.

7 ⑥에 볶은 춘장, 설탕을 넣고 볶다가 물 1/2C을 붓고 끓여 물녹말로 농도를 맞춘 후 참기름을 넣는다.

8 삶은 면은 따뜻한 물에 데워서 그릇에 담고 짜장소스를 부은 다음 오이채를 올린다.

지급재료 목록

1	중식면	150g
2	춘장	50g
3	돼지등심	50g
4	양파	1개
5	호박	50g
6	오이	1/4개
7	생강	10g
8	진간장	50ml
9	흰설탕	20g
10	청주	50ml
11	소금	10g
12	참기름	10ml
13	녹말가루	50g
14	식용유	100ml

Point & Tip

♦ '유니'는 다진 고기란 뜻의 중국어 '肉絲'의 산둥 지방식 발음에서 온 말이다.

♦ 생짜장을 기름에 볶으면 떫은맛이 없어진다.

MEMO

울면(溫滷麵, 온노면)

30분

주어진 재료를 사용하여 다음과 같이 울면을 만드시오.

1 오징어, 대파, 양파, 당근, 배추잎은 6cm 길이로 채를 써시오.

2 중식면은 끓는 물에 삶아 찬물에 헹군 후 데쳐 사용하시오.

3 소스는 농도를 잘 맞춘 다음, 달걀을 풀 때 덩어리지지 않게 하시오.

---- 조리순서 ----

재료 세척 ➡ 재료 썰기 ➡ 면 삶기 ➡ 달걀 풀기 ➡ 육수에 재료 넣어 끓이기 ➡ 전분 농도 맞추기 ➡ 달걀 풀어 넣기 ➡ 참기름 ➡ 면 데치기 ➡ 담기

---- 조리방법 ----

1 당근, 배추잎, 양파, 부추, 대파, 오징어는 껍질을 벗겨 6cm 정도 길이로 채를 썬다.

2 새우는 내장을 제거하고 목이버섯, 마늘도 채 썬다.

3 면은 끓는 물에 소금을 넣고 삶아서 찬물에 헹궈 놓는다.

4 달걀은 소금을 넣고 잘 풀어 놓는다.

5 면은 끓는 물에 삶아서 찬물에 헹궈 놓는다.

6 냄비에 물 2C 정도를 넣고 끓으면 마늘, 대파, 간장 1t, 청주로 향을 내고, 오징어, 새우, 양파, 배추, 목이, 당근을 넣어 끓이다 거품을 제거한 후 소금, 후추로 간을 한다.

7 물녹말로 농도를 맞춘 뒤 달걀을 풀고 참기름을 넣는다.

8 삶은 면은 따뜻한 물에 데워서 그릇에 담고 울면 소스를 부어낸다.

---- 지급재료 목록 ----

1	중식면	150g
2	오징어	50g
3	작은 새우살	20g
4	당근	20g
5	배추잎	20g
6	양파	1/4개
7	건목이버섯	1개
8	조선부추	10g
9	달걀	1개
10	대파	1토막
11	마늘	3쪽
12	진간장	5ml
13	청주	30ml
14	참기름	5ml
15	소금	5g
16	녹말가루	20g
17	흰후춧가루	3g

Point & Tip

🥄 울면은 해물을 넣고 끓인 국물에 녹말을 풀어 걸쭉하게 만들어서 면을 말아 먹는 요리

🥄 녹말을 푼 다음 달걀을 뭉치지 않게 풀어야 한다.

MEMO

오징어냉채(凉拌鱿鱼, 량반우어)

20분

주어진 재료를 사용하여 다음과 같이 **오징어냉채**를 만드시오.

요구사항

1. 오징어 몸살은 종횡으로 칼집을 내어 3~4cm로 썰어 데쳐서 사용하시오.

2. 오이는 얇게 3cm 편으로 썰어 사용하시오.

3. 겨잣가루를 숙성시킨 후 소스를 만드시오.

재료 세척 ➡ 겨잣가루 발효 ➡ 오이 썰기 ➡ 오징어 껍질 제거 ➡ 오징어 칼집 넣기 ➡ 오징어 데치기 ➡ 소스 만들기 ➡ 버무려 담기

조리방법

1 겨잣가루는 미지근한 물로 풀어 따뜻한 곳에서 매운맛이 나게 발효한다.

2 오이는 3cm 정도로 얇게 편 썬다.

3 오징어는 껍질을 제거하고 안쪽 몸살에 종횡으로 칼집을 넣어 3~4cm 정도로 썰어 끓는 물에 소금을 넣고 데친다.

4 발효된 겨자는 설탕, 소금, 식초, 참기름으로 소스를 만든다.

5 데친 오징어와 오이에 겨자소스 넣고 버무려 제출그릇에 담는다.

지급재료 목록

1	갑오징어살	100g
2	오이	1/3개
3	식초	30ml
4	흰설탕	15g
5	소금	2g
6	참기름	5ml
7	겨잣가루	20g

Point & Tip

🖈 겨자는 매운맛이 나게 발효하고 뜨거울 때 설탕과 소금을 넣어 버무려야 덩어리가 생기지 않는다.

🖈 제출 직전에 버무려 담아낸다.

MEMO

해파리냉채(凉拌海蜇皮, 량반해철피)

20분

주어진 재료를 사용하여 다음과 같이 해파리냉채를 만드시오.

1 해파리는 염분을 제거하고 살짝 데쳐서 사용하시오.

2 오이는 0.2cm×6cm 크기로 어슷하게 채를 써시오.

3 해파리와 오이를 섞어 마늘소스를 끼얹어 내시오.

재료 세척 ➡ 해파리 물에 담그기 ➡ 오이 채 썰기 ➡ 마늘 다져 소스 만들기 ➡ 해파리 데치기 ➡ 해파리, 오이소스에 버무려 담기

── 조리방법 ─────────────

1 해파리는 찬물에서 주물러서 여러 번 헹구어 염분을 뺀다.

2 냄비의 물이 따뜻해지면 염분을 뺀 해파리를 살짝 데쳐 찬물에 헹군 다음 식초, 설탕, 물에 버무려 놓는다.

3 오이는 6cm×0.2cm 정도 크기로 어슷하게 채를 썬다.

4 곱게 다진 마늘, 설탕 1T, 식초 1T, 소금, 참기름으로 소스를 만든다.

5 해파리 물기를 제거하고 오이채와 버무려 제출 그릇에 담고 마늘소스를 끼얹어 낸다.

── 지급재료 목록 ─────────────

1	해파리	150g
2	오이	1/2개
3	마늘	3쪽
4	식초	45ml
5	흰설탕	15g
6	소금	7g
7	참기름	5ml

Point & Tip

🍴 해파리를 데칠 때 물의 온도와 시간에 유의한다.

🍴 해파리가 길면 잘라 준다.

MEMO

양장피잡채 (炒肉兩張皮, 초육양장피)

35분

주어진 재료를 사용하여 다음과 같이 양장피잡채를 만드시오.

요구사항

1. 양장피는 4cm로 하시오.

2. 고기와 채소는 5cm 길이의 채를 써시오.

3. 겨잣가루는 숙성시켜 사용하시오.

4. 볶은 재료와 볶지 않는 재료의 분별에 유의하여 담아내시오.

재료 세척 ➔ 겨잣가루 발효 ➔ 양장피, 목이버섯 불리기 ➔ 잡채용 재료 썰기 ➔ 새우, 오징어, 해삼 데치기 ➔ 냉채용 재료 썰어 담기 ➔ 양장피 데쳐 담기 ➔ 잡채 올리기 ➔ 겨자소스

—— 조리방법 ——

1 양장피와 목이버섯은 미지근한 물에 불리고 겨잣가루는 따뜻한 물에 개어 발효시킨다.

2 돼지고기는 5cm로 채 썰어 간장으로 밑간을 한다.

3 부추, 양파는 5cm 정도로 채 썰고, 불린 목이버섯은 손으로 뜯는다.

4 새우는 내장 제거, 오징어는 껍질 제거 후 안쪽에 칼집을 넣어 썰고, 해삼은 내장을 제거하고 채 썰어 데친다.

5 달걀은 전란으로 지단을 부친다.

6 오이, 당근, 지단은 채 썰고 데친 오징어, 새우, 해삼도 접시 가장자리에 돌려 담는다.

7 불린 양장피는 부드럽게 삶아 4cm 정도로 자른 후 간장, 설탕, 참기름으로 버무려 가운데 담는다.

8 팬에 기름을 두르고 양파, 고기를 볶은 후 부추 줄기, 목이버섯을 넣어 볶고 부추잎, 소금, 참기름을 넣고 버무려 양장피 위에 올린다.

9 발효된 겨자는 설탕, 식초, 소금, 참기름으로 덩어리 없이 풀어 잡채 위에 뿌려낸다.

Point & Tip

❢ 고구마 전분을 판상으로 펴서 만든 것으로 투명하고 식감은 쫄깃하다.

❢ 접시에 담을 때 재료의 색을 맞추어 조화롭게 담아낸다.

❢ 재료를 빠짐없이 사용했는지 확인한다.

MEMO

지급재료 목록

1	양장피	1/2장
2	돼지등심	50g
3	양파	1/2개
4	조선부추	30g
5	건목이버섯	1개
6	당근	50g
7	오이	1/3개
8	달걀	1개
9	작은 새우살	50g
10	갑오징어살	50g
11	건해삼	60g
12	겨잣가루	10g
13	흰설탕	30g
14	식초	50ml
15	진간장	5ml
16	소금	3g
17	참기름	5ml
18	식용유	20ml

부추잡채(炒韭菜, 초구채)

20분

요구사항

주어진 재료를 사용하여 다음과 같이 **부추잡채**를 만드시오.

1 부추는 6cm 길이로 써시오.

2 고기는 0.3cm×6cm 길이로 써시오.

3 고기는 간을 하여 기름에 익혀 사용하시오.

──── 조리순서 ────

재료 세척 ➜ 재료 썰기 ➜ 고기 양념하여 데치기 ➜ 부추줄기 볶기 ➜ 고기, 부추잎 볶기 ➜ 담기

──── 조리방법 ────

1 부추는 6cm로 썰어 줄기와 잎을 분리해 둔다.

2 돼지고기는 6cm×0.3cm로 채 썰어 소금, 청주로 밑간한 다음 흰자, 녹말가루에 잘 버무린다.

3 팬에 기름을 넉넉하게 두르고 약불에 고기를 데친다.

4 팬에 기름을 두르고 부추 줄기를 볶은 후 청주로 향을 내고 볶아놓은 고기, 부추잎, 소금, 참기름을 넣고 버무린다.

5 제출 그릇에 담는다.

──── 지급재료 목록 ────

1	부추	120g
2	돼지등심	50g
3	달걀	1개
4	청주	15ml
5	소금	5g
6	참기름	5ml
7	식용유	100ml
8	녹말가루	30g

Point & Tip

❦ 부추 줄기가 굵기 때문에 먼저 볶아야 한다.

❦ 볶은 후 빨리 식혀서 색이 선명하게 한다.

❦ 물이 생기지 않게 제출 직전에 완성한다.

MEMO

고추잡채(青椒肉丝, 청초육사)

25분

주어진 재료를 사용하여 다음과 같이 **고추잡채**를 만드시오.

요구사항

1 주재료 피망과 고기는 5cm의 채로 써시오.

2 고기는 간을 하여 기름에 익혀 사용하시오.

조리순서

재료 세척 ➡ 재료 썰기 ➡ 채소 데치기 ➡ 고기 양념하여 데치기 ➡ 채소, 고기, 피망 볶기 ➡ 담기

조리방법

1 죽순, 표고버섯, 양파, 피망은 5cm로 채 썬다.

2 끓는 물에 채소를 데친다.

3 돼지고기는 5cm로 채 썰어 간장, 청주로 밑간을 하고 흰자, 녹말가루로 반죽하여 낮은 온도의 기름에 데친다.

4 팬에 기름을 두르고 양파를 볶아 향이 나면 청주로 향을 내고 죽순, 표고버섯, 피망을 넣고 볶은 후 고기, 소금, 참기름을 넣고 섞는다.

5 제출 그릇에 담는다.

지급재료 목록

1	청피망	1개
2	돼지등심	100g
3	죽순	30g
4	건표고버섯	2개
5	양파	1/2개
6	달걀	1개
7	녹말가루	15g
8	진간장	15ml
9	청주	5ml
10	소금	5g
11	참기름	5ml
12	식용유	150ml

Point & Tip

🍴 볶을 때 피망의 색이 변하지 않도록 센 불로 짧게 볶아낸다.

🍴 물이 생기지 않게 제출 직전에 완성한다.

MEMO

마파두부(麻婆豆腐, 마파더후)

25분

주어진 재료를 사용하여 다음과 같이 마파두부를 만드시오.

1 두부는 1.5cm의 주사위 모양으로 써시오.

2 두부가 으깨어지지 않게 하시오.

3 고추기름을 만들어 사용하시오.

4 홍고추는 씨를 제거하고 0.5cm×0.5cm로 써시오.

재료 세척 ➡ 재료 썰기 ➡ 두부 데치기 ➡ 고추기름 만들기 ➡ 재료 볶기 ➡ 농도 맞추어 담기

—— 조리방법 ——

1 홍고추, 생강, 대파, 마늘은 잘게 썬다.

2 두부는 1.5cm 정도의 주사위 모양으로 썰어 끓는 물에 데친다.

3 고기는 곱게 다진다.

4 팬에 기름을 두르고 약불에서 고춧가루를 넣고 볶다가 색이 우러나면 체에 거른다.

5 물녹말을 만든다.

6 팬에 고추기름을 두르고 홍고추, 대파, 마늘, 생강을 넣어 볶은 후 간장으로 향을 내고 고기, 두반장을 넣어 볶는다.

7 ⑥에 물 1/2C, 설탕, 후추를 넣어 끓이다 두부를 넣고 물 녹말을 풀어 농도를 맞추고 참기름을 두른 후 제출 그릇에 담는다.

—— 지급재료 목록 ——

1	두부	150g
2	돼지등심	50g
3	대파	1토막
4	마늘	2쪽
5	생강	5g
6	홍고추(생)	1/2개
7	두반장	10g
8	고춧가루	15g
9	진간장	10ml
10	흰설탕	5g
11	참기름	5ml
12	검은후춧가루	5g
13	녹말가루	15g
14	식용유	60ml

Point & Tip

🍴 사천지방의 요리로 매운맛이 특징이다.

🍴 마(麻) : 얽는다. 파(婆) : 할머니

🍴 고추기름이 타지 않도록 불 조절에 유의한다.

MEMO

새우케첩볶음 (番茄虾仁, 번가하인)

25분

요구사항

주어진 재료를 사용하여 다음과 같이 **새우케첩볶음**을 만드시오.

1 새우 내장을 제거하시오.

2 당근과 양파는 1cm 크기의 사각으로 써시오.

— 조리순서 —

재료 세척 ➡ 기름 예열 ➡ 새우내장 제거, 재료 썰기 ➡ 새우 반죽하여 튀기기 ➡ 소스 만들기 ➡ 농도 맞추기 ➡ 새우 버무려 담기

— 조리방법 —

1 새우는 내장을 제거한 후 물기를 제거하고 소금, 청주로 밑간한다.

2 당근, 양파, 대파는 사방 1cm 정도의 사각편으로 썬다. 생강은 다진다.

3 밑간한 새우는 달걀과 녹말로 되직하게 반죽하여 160℃에서 한 번, 170℃에서 바삭하게 두 번 튀긴다.

4 물녹말을 만든다.

5 팬에 기름을 두르고 생강, 대파를 넣고 간장, 청주로 향을 낸 후 당근, 양파, 완두콩을 넣고 볶다가 케첩, 설탕, 물을 넣고 끓인다.

6 소스가 끓으면 물녹말로 농도를 맞추고 튀긴 새우를 넣고 버무려 제출 그릇에 담는다.

— 지급재료 목록 —

1	작은 새우살	200g
2	당근	30g
3	양파	1/6개
4	완두콩	10g
5	대파	1토막
6	생강	5g
7	달걀	1개
8	토마토케첩	50g
9	진간장	15ml
10	흰설탕	10g
11	소금	2g
12	청주	30ml
13	녹말가루	100g
14	식용유	800ml
15	이쑤시개	1개

Point & Tip

❢ 튀김온도는 젓가락을 기름에 담그고 기포가 밑에서부터 올라오면 튀긴다.

MEMO

채소볶음 (炒蔬菜, 초소채)

25분

주어진 재료를 사용하여 다음과 같이 **채소볶음**을 만드시오.

요구사항

1 모든 채소는 길이 4cm의 편으로 써시오.

2 대파, 마늘, 생강을 제외한 모든 채소는 끓는 물에 살짝 데쳐서 사용하시오.

지급재료 목록

1	청경채	1개
2	당근	50g
3	죽순	30g
4	청피망	1/3개
5	건표고버섯	2개
6	셀러리	30g
7	양송이(통조림)	2개
8	대파	1토막
9	마늘	1쪽
10	생강	5g
11	진간장	5ml
12	청주	5ml
13	소금	5g
14	참기름	5ml
15	흰후춧가루	2g
16	녹말가루	20g
17	식용유	45ml

조리순서

재료 세척 ➡ 재료 썰기 ➡ 재료 데치기 ➡ 재료 볶기 ➡ 농도 맞추기 ➡ 담기

조리방법

1 대파는 4cm, 마늘, 생강은 편 썰기 한다.

2 당근, 죽순, 청피망, 양송이, 표고버섯, 청경채, 샐러리는 껍질 제거 후 4cm 정도의 편으로 썰어 끓는 물에 소금을 넣고 데쳐 찬물에 헹군다.

3 물녹말을 만든다.

4 팬에 기름을 두르고 대파, 마늘, 생강을 볶고, 청주로 향을 낸다.

5 ④에 데친 채소를 볶아 물 3T와 간장을 약간 넣어 볶는다.

6 ⑤에 소금, 흰후춧가루를 넣고 물녹말로 농도를 맞추고 참기름을 섞은 후 제출 그릇에 담는다.

Point & Tip

🥄 데치는 물에 소금을 넣으면 채소의 색이 선명하고, 볶을 때 단시간에 볶아낸다.

🥄 전분 농도가 뭉치거나 흘러내리지 않게 한다.

MEMO

라조기(辣椒鸡, 랄초계)

30분

요구사항

주어진 재료를 사용하여 다음과 같이 **라조기**를 만드시오.

1 닭은 뼈를 발라낸 후 5cm×1cm의 길이로 써시오.

2 채소는 5cm×2cm의 길이로 써시오.

재료 세척 ➡ 기름 예열 ➡ 재료 썰기 ➡ 채소 데치기 ➡ 닭고기 반죽하여 튀기기 ➡ 소스 만들기 ➡ 농도 맞추어 튀긴 닭 버무려 담기

— 조리방법 —

1 홍고추, 죽순, 표고버섯, 양송이, 청피망, 청경채, 대파는 5cm×2cm로 썰고, 마늘, 생강은 편 썬다.

2 끓는 물에 소금을 넣고 채소를 데친다.

3 닭은 뼈를 발라내고 5cm×1cm 길이로 잘라 소금, 청주, 후추로 밑간을 한 다음 달걀, 녹말로 튀김반죽을 한다.

4 튀김팬에 기름을 올리고 양념한 닭을 160℃에서 한 번, 170℃에서 바삭하게 두 번 튀긴다.

5 물녹말을 만든다.

6 팬에 고추기름을 두르고 홍고추, 대파, 마늘, 생강, 간장, 청주로 향을 내고 채소를 넣어 볶고 물을 1/2C을 부어 끓인다.

7 ⑥에 간장, 소금, 후추로 간을 하고 물녹말로 농도를 맞춘 다음 튀긴 닭을 버무려 제출 그릇에 담는다.

— 지급재료 목록 —

1	닭다리	1개
2	죽순	50g
3	건표고버섯	1개
4	홍고추(건)	1개
5	양송이(통조림)	1개
6	청피망	1/3개
7	청경채	1포기
8	대파	2토막
9	마늘	1쪽
10	생강	5g
11	달걀	1개
12	진간장	30ml
13	소금	5g
14	청주	15ml
15	검은후춧가루	1g
16	녹말가루	100g
17	고추기름	10ml
18	식용유	900ml

Point & Tip

🍴 사천지방의 요리로 고추양념으로 맛을 낸 매운 닭고기 요리

🍴 辣椒 : 고추 鷄 : 닭고기

🍴 고추기름과 간장이 조화롭게 잘 섞여야 한다.

🍴 마지막 작업에 참기름을 넣으면 안 된다.

MEMO

경장육사(京醬肉絲, 경장육사)

30분

주어진 재료를 사용하여 다음과 같이 **경장육사**를 만드시오.

요구사항

1 돼지고기는 길이 5cm의 얇은 채로 썰고, 간을 하여 기름에 익혀 사용하시오.

2 춘장은 기름에 볶아서 사용하시오.

3 대파 채는 길이 5cm로 어슷하게 채 썰어 매운맛을 빼고 접시에 담으시오.

조리순서

재료 세척 ➡ 재료 썰기 ➡ 파 썰어 물에 담그기 ➡ 고기 양념하여 데치기 ➡ 춘장 볶기 ➡ 재료 볶기 ➡ 볶은 춘장 넣어 농도 맞추기 ➡ 파채 그릇에 담기 ➡ 볶은 짜장고기 올려 담기

조리방법

1 대파는 5cm로 어슷하게 채 썰어 찬물에 담그고, 마늘, 생강은 채 썬다. 죽순은 채 썰어 끓는 물에 데친다.

2 돼지고기는 5cm로 가늘게 채 썰어 간장, 청주로 밑간하고 흰자와 녹말로 반죽해서 기름에 데친다.

3 팬에 기름을 넣고 춘장을 볶는다.

4 물녹말을 만든다.

5 팬에 기름을 두르고 마늘채, 생강채, 간장, 청주로 향을 내고 물 3T, 설탕, 볶은 춘장, 굴소스를 넣어 간을 하고 고기, 죽순채를 볶다가 물녹말로 농도를 맞춘 후 참기름을 넣어 완성한다.

6 파채는 물기를 제거해서 제출 그릇에 새둥지처럼 담고 완성된 볶은 짜장고기를 올려 담는다.

지급재료 목록

1	돼지등심	150g
2	죽순	100g
3	대파	3토막
4	마늘	1쪽
5	생강	5g
6	달걀	1개
7	춘장	50g
8	굴소스	30ml
9	진간장	30ml
10	흰설탕	30g
11	청주	30ml
12	참기름	5ml
13	녹말가루	50g
14	식용유	300ml

Point & Tip

🍴 고기와 각 채소를 실처럼 가늘게 썰어 볶아서 조리한다.

🍴 춘장을 볶을 때 불 조절에 주의한다.

MEMO

빠스옥수수(拔絲玉米, 발사옥미)

25분

요구사항

주어진 재료를 사용하여 다음과 같이 **빠스옥수수**를 만드시오.

1 완자의 크기를 지름 3cm 공 모양으로 하시오.

2 땅콩은 다져 옥수수와 함께 버무려 사용하시오.

3 설탕시럽은 타지 않게 만드시오.

4 빠스옥수수는 6개 만드시오.

—— 조리순서 ——

재료 세척 ➡ 기름 예열 ➡ 땅콩, 옥수수 물기 제거 후 다지기 ➡ 반죽하기 ➡ 모양 만들어 튀기기 ➡ 시럽 만들기 ➡ 튀긴 옥수수 굴려 담기

—— 조리방법 ——

1 땅콩은 껍질을 제거해서 다진다.

2 옥수수는 체에 밭쳐 물기를 제거하고 다진다.

3 다진 땅콩과 옥수수에 달걀과 밀가루를 넣어 반죽한다.

4 기름이 140℃ 정도 되면 반죽을 직경 3cm 크기로 만들어 노릇하게 튀긴다.

5 팬에 식용유와 설탕을 넣고 강불에서 설탕이 녹고 맑은 갈색시럽이 만들어지면 약불로 줄인 후 튀긴 옥수수완자를 넣고 빠르게 버무린다.

6 식용유를 바른 그릇에 하나씩 떼어 붙지 않도록 하고 식은 후 제출 그릇에 담는다.

—— 지급재료 목록 ——

1	옥수수	120g
2	땅콩	7알
3	달걀	1개
4	밀가루	80g
5	흰설탕	50g
6	식용유	500ml

Point & Tip

🥄 빠스는 후식 요리로 설탕 실이 나온다는 뜻이다.

🥄 시럽은 기름 1T 정도에 설탕 3~4T 정도를 넣고 맑은 갈색의 시럽이 나오도록 녹인다.

🥄 시럽이 식으면 잘 버무려지지 않으므로 주의한다.

MEMO

빠스고구마(拔絲地瓜, 발사지과)

25분

주어진 재료를 사용하여 다음과 같이 빠스고구마를 만드시오.

1 고구마는 껍질을 벗기고 먼저 길게 4등분을 내고, 다시 4cm 길이의 다각형으로 돌려썰기 하시오.

2 튀김이 바삭하게 되도록 하시오.

— 조리순서 —

재료 세척 ➡ 기름 예열 ➡ 고구마껍질 제거 ➡ 자르기 ➡ 튀기기 ➡ 시럽 만들기 ➡ 시럽 입히기 ➡ 담기

— 조리방법 —

1 고구마는 껍질을 벗기고 길게 4등분을 한 다음 4cm 정도의 다각형으로 돌려 썰기하여 찬물에 담근다.

2 기름의 온도가 140℃ 정도 되면 물기를 제거한 고구마를 넣고 노릇노릇 튀긴다.

3 팬에 식용유와 설탕을 넣고 강불에서 설탕이 녹고 맑은 갈색시럽이 만들어지면 약불로 줄인 후 튀긴 고구마를 넣고 빠르게 버무린다.

4 식용유 바른 그릇에 하나씩 떼어 식힌 후 제출 그릇에 담는다.

— 지급재료 목록 —

1	고구마	1개
2	흰설탕	100g
3	식용유	1000ml

Point & Tip

🍴 시럽 만들 때 온도가 높으면 타기 쉬우니 온도 조절에 주의한다.

🍴 설탕의 실이 뭉치지 않도록 주의한다.

MEMO

III

부록

부록

중식 조리용어

■ 기본썰기 용어

- **피이엔(片 편)** : 얇게 써는 방법(예 : 홍쇼두부, 난자완스, 오징어냉채 등의 채소)

- **쓰(絲 사)** : 가늘게 채 써는 방법(예 : 해파리냉채, 고추잡채, 울면, 경장육사, 양장피잡채 등의 채소)

- **띵(丁 정)** : 깍둑 모양으로 네모나게 써는 방법(예 : 마파두부 등)

- **티아오(條 조)** : 막대 모양으로 써는 방법(예 : 탕수육, 탕수생선살, 라조기, 채소볶음 등)

- **콰이(塊 괴)** : 덩어리 썰기로 크고 두껍게 써는 방법(예 : 빠스고구마 등)

- **모(末 말)** : 참깨 크기로 아주 잘게 써는 방법(예 : 증교자, 물만두의 소 등)

- **쑤에이(碎)** : 마늘을 잘게 다지는 방법(예 : 해파리냉채 등)

- **미(米 미)** : 쌀알 크기로 자르는 방법(예 : 마파두부, 유니짜장, 깐풍기 등)

■ 조리방법 용어

- **차오(炒 : 초 – 볶기)** : 소량의 기름에 빠르게 볶는 것으로 재료의 맛을 그대로 살릴 수 있고 영양 손실도 적은 조리법

- **빠오(爆 : 폭 – 튀기기, 데치기)** : 뜨거운 기름이나 물에 빠른 시간에 튀기거나 데치는 조리법

- **리우(熘 : 류)** : 기름에 튀기거나 삶거나 찐 재료에 걸쭉한 소스를 넣는 조리법으로 요리가 잘 식지 않고 소스와 재료가 잘 어우러짐

- **짜 (炸 : 작 – 튀기기)** : 많은 양의 기름에 튀기는 조리법

- **지엔(煎 : 전 – 지지기, 부치기)** : 소량의 기름으로 재료의 양면을 노릇하고 바삭하게 지지는

조리법

- **펑(烹 : 팽 – 삶기)** : 먼저 기름에 튀기거나 볶은 뒤 부재료와 간장 등 조미료를 넣고 소스를 재료에 흡수시키는 조리법
- **탕(湯 : 탕)** : 수프의 종류로 국처럼 끓이는 조리법
- **까이판(蓋飯)** : 덮밥을 총칭해 반찬으로 밥을 덮었다는 뜻

■ 조미료(향신) 용어

- **굴소스** : 신선한 생굴을 으깬 다음 소금을 넣고 발효시켜 농축한 소스
- **두반장** : 발효시킨 메주콩에 고추를 갈아 넣고 양념을 첨가한 것으로 맵고 칼칼한 맛을 내는 요리에 사용하며 중국의 사천 지역에 발달된 조미료(예 : 마파두부, 새우칠리소스, 냉채요리 등)
- **춘장** : 대두, 소금 밀가루를 발효시킨 중국식 된장. 6개월 정도 발효시키면 검은색으로 변하고 깊은 맛을 낸다. 춘장을 가열하면 짠맛이 엷어지고 단맛이 증가됨
- **해선장** : 물, 대두, 설탕, 식초, 소금, 쌀, 밀가루, 고추, 마늘을 넣어 발효시킨 소스
- **노두유(老豆油)** : "노추" 또는 "노도추"라고도 하며 관동지역에서 많이 쓰이는 진한 색깔의 간장. 짠맛이 강하지 않아 색을 낼 때 주로 사용함
- **고수** : 특이한 향으로 고기의 누린내를 없애주는 향신료. 중국 쌀 요리에 많이 사용하며 입맛을 돋우며 소화를 촉진시킴
- **팔각** : 회향나무 열매를 말린 것으로 팔각 또는 팔각회향(八角茴香), 대회향(大茴香) 등으로 부르며 운남성과 광동성 일대가 주요산지. 고기를 삶거나 조릴 때 사용. 잡냄새를 제거하는 역할을 함
- **오향분** : 팔각, 육계, 정향, 산초, 진피를 가루로 만들어 섞은 것

■ 재료용어

- **송화단(피단)** : 피단(皮蛋) 또는 송화단(松花蛋)은 오리알이나 달걀을 염류 및 알칼리에 침투시켜 내용물을 응고시킴. 숙성하면 풍미가 독특하고 달걀의 조직이 단단해짐

- **양장피** : 양장피 분은 고구마 전분을 판상으로 가공한 것으로 잡채와 섞어 만든 음식

- **자차이** : 일종의 장아찌로 무처럼 생긴 뿌리를 소금과 양념에 절여 만든 음식으로 절임 김치
  라고 하며 쓰촨성의 대표 음식임

■ 더운 후식류

- **빠스류** : 발사(拔絲:빠스)는 누에고치의 "실을 뽑다"라는 의미로 수발(水拔)과 유발(油拔)로
  나누어짐(예 : 빠스옥수수, 빠스고구마)

■ 찬 후식류

- **시미로** : 전분의 한 종류인 타피오카를 주재료로 모든 과일에 혼합하여 냉장고에 차게 보관
  한 후 사용함(예 : 멜론시미로, 망고시미로 등)

- **무스(Mousse)** : "거품"이라는 프랑스어로 부드럽고 차가운 크림 상태의 과자(예 : 딸기무스케
  이크, 단호박무스케이크 등)

- NCS 학습모듈 – 중식 기초 조리실무 1301010320_21v4
  - 중식 절임 · 무침조리 1301010302_21v4
  - 중식 육수 · 소스조리 1301010303_21v4
  - 중식 튀김조리 1301010308_21v4
  - 중식 조림조리 1301010310_21v4
  - 중식 밥조리 1301010313_21v4
  - 중식 면조리 1301010312_21v4
  - 중식 냉채조리 1301010304_21v4
  - 중식 볶음조리 1301010307_21v4
  - 중식 후식조리 1301010314_21v4

- 김용문, 박기오, 권오천, 황성원, 최성웅, 주방관리론(2012), 광문각
- 최송산, 프로를 위한 중국요리(2010), 효일출판사
- 추적생, 이학성, 이태영, 정통중국요리(2007), 형설출판사
- 서정희, 중국요리(2011), 예문사

- 국가법령정보센터, http://www.law.go.kr
- 식품의약품안전처, http://www.mfds.go.kr
- 한국산업인력공단, 큐넷, http://www.q-net.or.kr

저자 소개

허이재

e-mail: cookzzang2@hanmail.net
- 현) 예미요리직업전문학원 대표
- 순천대학교 이학박사
- 광주대학교 식품영양학과 겸임교수
- 송원대학교 식품영양학과 겸임교수
- 조선이공대학교 식품영양학과 겸임교수
- 국가공인 조리기능장
- 대한명인 제17−500호

저서
- 고급한국음식의 味/식품가공기능사 이론
- 꽃처럼 드리고 싶은 우리떡 우리한과
- 광주 · 전남 향토음식
- 스토리가 있는 향토음식
- 한식, 양식, 중식, 일식 · 복어조리기능사
- 한식디저트&떡제조기능사

조병숙

- 현) 홍성요리학원 대표
    혜전대학교 조리외식계열 외래교수
    사단법인 한국음식문화진흥원 연구이사
- 순천대학교 조리과학과 박사수료
- 문경대학교 호텔조리과 겸임교수
- 국가공인 조리기능장

저서
- 한식, 양식, 중식, 일식 · 복어조리기능사
- 한식디저트&떡제조기능사

김은주

- 현) 전주요리제과제빵학원 대표
    이금기 한국홍보대사
- 호남대학교 외식조리관리학과 석사
- 전주대학교 전통식품산업학과 석사수료
- 전주교통방송 〈주말을 부탁해〉 고정출연
- 국가공인 조리기능장

저서
- 한식, 양식, 중식, 일식 · 복어조리기능사
- 한식디저트&떡제조기능사

저자와의
합의하에
인지첩부
생략

중식조리기능사

2020년 3월 30일 초   판 1쇄 발행
2024년 6월 30일 개정2판 1쇄 발행
2025년 2월 28일 개정2판 2쇄 발행

지은이 허이재 · 조병숙 · 김은주
펴낸이 진욱상
펴낸곳 (주)백산출판사
교   정 박시내
본문디자인 신화정
표지디자인 오정은

등   록 2017년 5월 29일 제406-2017-000058호
주   소 경기도 파주시 회동길 370(백산빌딩 3층)
전   화 02-914-1621(代)
팩   스 031-955-9911
이메일 edit@ibaeksan.kr
홈페이지 www.ibaeksan.kr

ISBN 979-11-6567-863-0 13590
값 20,000원